공업화학

Industrial Chemistry

박승규 지음

자유아카데미

머리말

화학공학을 전공하는 학생들은 다양한 업종의 화학공학 관련 산업체로 진출한다. 이를 앞둔 학생들에게는 전공에 대한 깊이 있는 지식과 응용 능력도 필요하지만, 화학공학 전반에 대한 이해와 상식도 필요하다. 본 교재는 유기공업화학과 무기공업화학에 관련된 산업체의 기본적인 상식과 핵심기술을 큰 틀에서 익힐 수 있도록 개괄적 내용을 제공하는 목적으로 집필되었다. 종래 무기공업화학이나 유기공업화학 교재들도 있지만 본 교재는 전반적인 화학공학 산업에 대해 한 학기 강의용으로 분량을 조절하였고, 학생들이 이해하기 쉽고 흥미를 유발할 수 있도록 자료를 간추려 구성하였다.

좋은 책을 위해 최선을 다했지만 미흡한 부분이 있을 수 있다. 이 점은 양해를 바라며, 출간 후 나올 수 있는 수정사항 등은 자유아카데미 홈페이지(www.freeaca.com) 자료실에 제공할 예정이니 참고하기를 바란다.

끝으로 본 교재를 통해 공업화학을 공부함으로써 화학공학이 인류발전에 얼마나 크게 이바지하고 있는지를 학생들이 쉽게 이해하는 데 많은 도움이 되었으면 한다.

2024년 5월

박승규

차례

4장 석유화학공업 3과 고분자화학 산업 1

5장 고분자화학 산업 2

6장 유지 및 계면활성제 산업

7장 화장품 산업

12장 반도체 공업

13장 탄소 화학 재료 산업

1장

공업화학으로의 초대

1 화학과 화학공학

이 장에서는 먼저 이 책『공업화학』을 통해 무엇을 이해하게 되는지 개략적으로 설명하고 책의 흐름을 살펴볼 것이다. 먼저 화학과 화학공학의 정의에서 시작하고자 한다. 화학과 화학공학이 어떻게 다른가? 화학은 영어로 chemistry이며, 사전적 의미는 물질의 조성, 구조, 성질, 반응, 제법 및 응용 등을 연구하는 순수 과학 학문이다. 화학공학은 영어로 chemical engineering이며, 여기서 엔지니어링(engineering)이란 '무엇인가를 만들다'라는 의미를 지니고 있다. 즉, 순수과학인 화학을 인류에게 유용한 것으로 만들어가는 실천 학문이 화학공학이라고 할 수 있다. 화학공학은 각종 화학 반응 장치의 설계, 관리 및 운용 등에 필요한 기술을 종합적으로 연구하는 응용 학문인 것이다.

예를 들어 수소라는 기체와 산소라는 기체가 화학 반응을 일으키면 액체 상태의 물이 생기고 에너지가 발생한다. 기체와 기체가 만나 반응을 일으켜 전혀 다른 성상과 조성의 액체가 만들어지고, 이때 에너지가 발생하는 것과 이 현상 자체를 연구하는 것이 화학이다. 이 화학 현상을 이용해서 인류에게 유용한 이동수단인 수소자동차를 만드는 것은 화학공학의 몫이다. 이를테면 화학공학에서는 수소를 이용해 전기를 만들어 내는 연료전지를 개발하여 산업화한다.

전 세계 총생산을 global GDP라고 하는데, 제조업 부문에서 화학산업(chemical industry)이 가장 큰 비율을 점유하고 있다. 화학산업 중에서는 50%가 석유화학 관련 산업으로 그 비중이 가장 크다. 화학공학은 이 화학산업의 학문적 토대가 된다. 화학산업 현장에서 자주 사용되는 용어로 유틸리티(utility)라는 표현이 있다. 유틸리티는 화학공장에서 원료를 가공하거나 제조할 때 적절한 온도, 압력, 분위기, 동력 등을 확보하고자 사용하는 공업용수, 스팀, 전기 등을 의미한다. 이러한 유틸리티는 화학 공정 프로세스에 효율적으로 제공돼야 하는데, 화학공학에서 화학 프로세스를 합리적으로 설계하고 적절한 조건에서 운전하기 위해서는 유틸리티 활용이 포함된 기초 이론의 해석과 응용이 필요하다. 이것이 화학공학에서 중요하게 다루는 분야이다.

화학공학에서 파생된 분야로 공업화학(industrial chemistry)이라는 것이 있다. 화학 제품의 생산 공정 개발에 연관된 학문 분야로 제품의 제조 기술이나 반응에 관한 연구를 조금 더 깊이 있게 연구하여 화학과 화학공학을 접목한 응용화학 분야를 공업화학이라고 한다. 지방산(fatty acid)과 지방알코올(fatty alcohol)이 반응하면 에스터(ester) 화합물이 만들어진다. 이 반응을 이해하는 학문이 화학이라고 한다면 이 에스터 반응을 응용하여 아이스크림이나 화장품을 만들고, 식용유를 생산하는 다양한 공정 개발이나 제조 기술을 학문적으로 연구하는 분야가 공업화학이다. 여기에 전체 화학공장의 유틸리티 부분까지 효율적으로 설계하는 것을 화학공학이라고 할 수 있다.

종합 화학공장에는 사출, 압출, 캘린더링 등의 고분자 화합물 제조공장과 더불어 향수나 화장품을 제조하는 공정, 그리고 치약, 세제, 샴푸 등의 생활용품을 생산하는 생활용품 제조공정 등이 함께 건설되어 있다. 화학공학 엔지니어들은 이런 단위 공장들이 원활하게 작동될 수 있도록 원료, 공업용수, 스팀, 전기, 폐수 및 폐기물 등이 통합 관리되도록 종합적으로 설계하고 운영해야 한다. 그래서 유틸리티 부분까지 포함된 전체 화학공장의 설계 및 관리 역시 화학공학의 몫이고, 화장품이나 생활용품의 각 공정 단위에서 제품이 효율적으로 제조될 수 있도록 하는 것은 공업화학의 몫이다. 화장품 제조 시 A 원료와 B 원료가 반응하여 C 라고 하는 물질로 변화되는 원리에 관한 연구는 화학의 역할이라 할 수 있을 것이다.

역사학자들에 따르면, 지구의 나이는 약 45～46억 년이며, 현생 인류가 이 지구상에 살기 시작한 것은 최근 20만 년 전부터라고 한다. 우리는 인류의 진화는 구석기 시대, 신석기 시대, 청동기 시대, 철기 시대로 발전하였다고 배웠다. 청동기 시대가 기원전 1500년부터 3500년 사이에 진행되었고 철기 시대의 시작이 기원전 수백 년 전으로 알려져 있다. 18세기 후반 인류는 또 한 번의 커다란 발전을 이룰 수 있었는데 이를 1차 산업혁명 기간이라고 한다. 1차 산업혁명 동안 인류는 기계공학의 발달로 대량 생산의 시대를 열었다. 공장에서 많은 공산품이 기계공학의 발전으로 대량 생산되며 인류의 삶이 풍요로워질 수 있었다. 1870년대 이후 인류는 전기를 발명하고 석유를 증류하여 연료와 원료로 사용할 수 있게 됨으로써 2차 산업혁명의 시대를 맞이하였고 다시 한번 비약적 발전을 이루었다. 19세기 후반에서 20세기를 2차 산업혁명 시대라고 할 수 있겠고, 전기공학, 화학공학의 발전은 1차 산업혁명의 산물인 기계공학과 상승작용을 하여 소위 전화기의 시대를 거치며 공학이 인류가 비약적으로 발전하도록 이바지하였다. 2016년 다보스 포럼에서 클라우스 슈바프 의장은 인류는 1970년대 반도체, 전자공학 그리고 컴퓨터의 발전으로 또 한 번의 비약적 발전하는 3차 산업혁명의 시대를 거쳐서, 이제는 디지털 혁명을 기반으로 물리적, 디지털, 생물학적 경계를 허무는 기술 융합의 시대인 4차 산업혁명의 시대가 시작되었음을 선언하였다. 4차 산업 혁명의 시대에는 기계공학, 전기공학, 화학공학, 전자공학이 모두 함께 상승작용을 하여 인류의 발전은 더욱 가속화되고 있다.

2 20세기 화학공학의 위대한 기술 발전

20세기 2차 산업혁명 시대 인류발전의 토대가 된 위대한 공업화학 및 화학공학 기술의 발전 10가지를 알아보면 다음과 같다.

1) 원유 처리 가공 기술

별로 쓸모가 없어 인류에게 처음에는 큰 도움이 되지 않았다가 어느 날 갑자기 검은 황금으로 가장 중요해진 물질이 바로 석유(petroleum)이다. 원유, 석유는 그 성분이 하이드로카본, 즉 탄화수소 물질로 분자량이 작은 물질에서부터 매우 큰 물질까지 혼합된 혼합물이다. 화공 엔지니어들은 이 석유 혼합물을 증류를 통해 분리함으로써 가솔린, 등유, 경유와 같이 에너지로 사용할 수 있는 연료를 분리하였고, 긴 탄화수소 물질을 에틸렌이나 프로필렌 등과 같은 석유화학공업의 기초원료로 분해하는 크래킹 공정을 개발하였다. 증류 공정과 크래킹과 같은 원유 가공 방법이 개발됨으로써 20세기 석유화학은 눈부시게 발전하였다. 자동차, 비행기 등 이동체의 연료를 제공하였고, 플라스틱, 섬유, 식품, 제약 등을 포함하는 일상생활 속의 대부분 상품을 개발할 수 있게 되었다.

2) 플라스틱

20세기를 플라스틱의 시대라고 할 만큼 오늘날 엄청나게 많은 종류와 양의 플라스틱이 생산되고 있다. 1930년대부터 화학공학 엔지니어들은 나일론, 폴리염화바이닐, 아크릴, 폴리스타이렌, 폴리프로필렌 등의 다양한 플라스틱을 효율적으로 만드는 방법을 알아냈다. 최근에는 가벼우면서도 철보다 강한 플라스틱, 항공우주용 플라스틱, 생체 의료용 플라스틱, 전기가 흐르는 플라스틱, 생분해성 플라스틱 등 가벼우면서도 강하고 기능이 우수한 다양한 플라스틱의 개발에 이르는 발전을 가져왔다.

3) 합성섬유

합성섬유(synthetic fiber)는 석유, 석탄, 천연가스 등의 원료를 화학적으로 합성한 인조섬유를 말한다. 20세기 인류가 폭발적으로 증가하면서 동물과 식물에서 얻은 천연섬유로는 수요를 충당할 수 없을 때 화공 엔지니어들은 합성섬유를 개발하였다. 플라스틱으로 쓰이는 폴리펩타이드·폴리염화바이닐 화합물 중에서도 특히 결정성이 좋은 것은 용해해서 가느다란 실로 뽑아내질 수 있는데 이러한 특성을 활용하여 미국의 듀퐁사에서는 1939년에는 나일론이라는 섬유를 개발하였다. 천연 실이 폴리아마이드 결합을 한 사슬 모양의 고분자인 점에 착안하여 석유와 석탄을 원료로 인공 섬유를 개발한 것이다. 나일론은 가벼우면서도 신축성이 좋고, 구부림이나 마찰에 대해서도 강하며, 또 매우 가는 섬유로도 뽑을 수 있는 등 천연섬유에서 볼 수 없는 여러 가지 장점이 있으므로 각종 직물과 양말·어망·타이어 코드 등을 비롯하여 공업 용도에까지 널리 쓰이게 되었다. 오늘날에는 이외에도 의류, 침구류, 실내장식품, 카펫 그리고 방탄복으로 활용이 가능한 질긴 섬유에 이르기까지 수많은 합성섬유가 개발되어 매년 7,200만 톤의 합성섬유가 생산되고 있다.

4) 합성고무

천연고무를 얻기가 힘들었던 2차 세계대전 동안, 화학공학 엔지니어들은 합성고무로서 스타이렌-뷰타다이엔 러버(SBR)의 개발에 성공하였다. 아무리 비싼 자동차도 타이어가 있어야 움직일 수 있고, 첨단 우주선도 합성고무 오링(O-ring)의 불량으로 우주선이 폭발한 사례가 있었을 만큼 합성고무는 어느 산업에서든 반드시 있어야 할 필수 소재이다. 오늘날 연간 생산되는 고무 220억 파운드 중 2/3가 합성고무이며 생산되는 합성고무의 절반은 여전히 SBR이 차지하고 있다. 합성고무는 타이어, 개스킷(gaskets), 호스, 운동화와 같은 소비성 상품에 매우 많이 사용되고 있다.

5) 공기로부터의 가스 분리

엔지니어들은 극저온의 매우 낮은 온도에서 기체를 액화하는 과정을 통하여 공기로부터 순수한 산소와 질소를 분리 및 가공 처리하는 방법을 개척하였다. 액체 헬륨, 액체 수소 등이 분리되어 다양한 산업의 원료 물질로 활용되었다. 공기의 분리 기술은 기상 반응으로 이어졌고 촉매 산업의 발달에도 토대가 되었다. 또 액화된 가스들을 운반하기 위한 진공 단열 탱크를 개발해 내 포장산업의 발전에도 이바지하였다. 초임계유체에 대한 활발한 응용산업도 촉진되었고 기체 혼합물의 분리 기술의 개발로 미래의 수소경제도 활짝 열릴 것이다.

6) 환경 보호

화학공학이 인류 번영에 이바지하는 다양한 상품과 기술의 개발로 이어졌지만, 한편으로는 환경 파괴의 주범이라는 그늘도 생겨났다. 화공 엔지니어들이 화학을 잘 알기에 현존하는 대기 및 수질, 환경 문제의 화학적 원인을 파악하고, 처리하는 해결방안을 찾는 분야에서도 많은 발전이 있었다. 일례로 자동차의 대기오염을 줄이기 위해 촉매변환기, 이중 호스로 된 가솔린펌프, 자동차 제트 엔진 등이 개발되었다.

최근 지구온난화의 주범으로 이산화 탄소 발생이 문제가 되고 있다. 화석연료의 사용량이 증가하면서 이산화 탄소의 발생량이 급증하였고 이산화 탄소는 온실효과를 증가시켜 지구의 온도를 급상승시켰으며, 이상기후 현상으로 연결되고 있다. 이산화 탄소의 포집, 활용, 저장 기술을 CCUS 기술이라고 하는데 이 기술들도 화공 엔지니어들의 집단 지성이 발휘되어 궁극적으로 개발될 것이고, 환경

파괴의 문제도 궁극적으로 해결해 낼 것이라 기대하고 있다.

7) 비료 및 식품

산업혁명 이후 인류는 폭발적으로 증가하였고 20세기 초반부터 인류가 식량 부족으로 큰 어려움을 겪을 때 화공 엔지니어들은 공기의 합성으로 요소와 비료를 합성하였다. 비료의 대량 생산과 살충제 등의 발명으로 농업 생산성이 크게 향상되어 식량 문제를 해결하는 데 이바지하였으며, 또한 냉동 건조 등과 같은 식품 가공 기술도 발전시켰다. 이 내용은 책의 뒷부분에서 더 자세히 이해하게 될 것이다.

8) 동위 원소의 분리와 사용

20세기 화공 엔지니어들은 동위 원소를 분리하는 공정을 개발했고, 또한 의학에서 핵분열로부터 동위 원소를 밝혀내어 사용하는 첨단 처리기술을 개발하여 의학적 영상과 검사, 진단, 생화학적 연구, 고고학적 연구에 기여하고 있다. 지구의 나이를 안다거나 인류 문명의 발생연대를 알 수 있었던 것도 유물이나 유적 속에서 동위 원소를 찾아 분리, 분석하는 기술이 발전하였기에 가능할 수 있었다.

9) 의약품

인간의 신체는 본질적으로 화학공장과 같으며, 신체에서 발생하는 화학 반응을 이해함으로써 생체대체용품, 생리적 활성물질, 그리고 인간의 질병을 치료할 수 있는 다양한 의약품들이 개발되었다. 임상 치료, 진단 등에서 첨단 기술이 개발되었고, 새로운 특효약 그리고 인공 장기 개발에 이르기까지 발전이 진행되었다. 앞에서 이야기했듯이 인류는 4차 산업혁명의 시대에 진입하였다. 이 4차 산업혁명 시대의 한 특징은 인간과 기계가 합체가 되는 사이버-피지컬 시스템이다. 의약품의 발전은 다양한 진단법의 발전과 치료법의 발전과 동반되면서 인류는 암을 극복하게 될 것이고 질병의 고통으로부터 구원될 것이다.

10) 항생물질

화학공학은 항생제의 대량 생산으로 인간을 질병의 고통으로부터 해방되도록 크게 이바지하였고, 이는 인류 수명의 연장으로 이어졌다. 페니실린은 제2차 세계대전 중 상용화에 성공해 1943년부터 사용되기 시작했다. 1944년부터는 민간에도 사용돼 수많은 전염병 환자의 목숨을 구했다. 페니실린 이후 스트렙토마이신 등 각종 치료제 및 성장 호르몬까지 다양한 첨단 의약품 개발은 화학공학 엔지니어들의 노력의 결실이라 하겠다.

3 이 책의 안내

물질은 재료 측면에서 무기화합물, 유기화합물, 그리고 하이브리드 재료로 구분된다. 유기화합물(organic compound)는 탄화수소 화합물을 의미하며 생물에 의하여 만들어지는 화합물이 여기에 해당한다. 경우에 따라서 사염화 탄소나 카본 다이설파이드(CS_2)를 유기화합물로 분류하기도 한다. 탄화수소 이외의 원소만으로 이루어진 화합물과 탄소화합물 중에서 비교적 간단한 일산화 탄소, 이산화 탄소, 청산가리 등은 모두 무기화합물(inorganic compound)로 분류된다. 유기화합물과 무기화합물의 중간적 물질을 하이브리드 화합물이라고 한다.

앞에서 공업화학이 화학산업 분야별로 공정 개발이나 제조 기술을 학문적으로 연구하여 화학과 화학공학을 접목시킨 응용화학 분야라고 설명하였다. 공업화학은 유기공업화학과 무기공업화학 분야로 구분할 수 있는데, 유기공업화학은 유기화합물 기반의 산업으로 탄소에 수소, 산소, 질소 등이 결합한 화합물이 만들어 내는 산업의 제조 기술이나 공정, 응용을 다룬다. 무기공업화학은 무기화합물을 다루는 산업 분야의 제조 기술과 응용을 주제로 공부한다.

주기율표를 보시면 탄소는 6번 원소이다. 생명현상과 관련성이 있는 유기체들은 이 탄소에 1번의 수소, 7번의 질소, 8번의 산소가 결합하여 있다. 이 외의 주기율표상의 다른 물질들은 모두 무기화합물이라 보면 된다. 무기화합물들은 원소의 특성에 따라 알칼리 원소, 백금족 원소, 반금속 원소, 전이 금속 원소 등으로 분류되며 지구상에는 대부분 화합물이나 산화물의 상태로 존재하고 있다. 반도체 산업의 핵심 원료인 산화 규소는 실리콘 제조에 활용되며, 뒤에서 다룰 것이다. 요즘 이차전지나 첨단소재의 주원료로 이야기되는 희토류 원소는 원자번호 57번부터 71번까지의 란타넘계 화합물에 21번의 스칸듐, 39번의 이리듐이 포함되어 총 17개의 원소로 구성되어 있다. 희토류 원소란 영어로 rare earth 원소로 전 세계 생산량의 90% 이상을 중국에서 생산하고 있다. 중국 남부 장시성, 광동성, 후난성에 화강암이 수백만 년에 걸쳐 풍화되어 점토층이 된 희토류 광상이 존재하며, 현재 이곳에서 생산되는 희토류 원료가 채산성이 좋다고 한다. 희토류가 미래산업의 원료로써 중요해진 이유는 독특한 화학적·전기적·자성적·발광적 특징을 가지고 있기 때문이다. 최근 광섬유, 광자성 디스크, 전기자동차용 자석부품, 스마트폰 이차 전지, 하이브리드 자동차, 고화질 TV, 태양광 발전, 항공우주산업 등 첨단산업에서는 희토류가 안 쓰이는 곳이 없을 정도로 활용 범위가 확대되고 있다.

이 책의 유기공업화학 부분에서는 석유화학공업, 고분자화학, 페인트 산업, 유지 및 계면활성제 산업, 화장품 산업 분야에서 제조 기술이나 생산 공정, 그리고 응용에 관해 공부할 것이다. 무기공업화학 분야에서는 산, 알칼리 공업, 암모니아 비료 공업, 전기화학, 반도체 산업 및 탄소 재료 산업에 관해 알아볼 것이다.

정리

1. 화학, 공업화학 그리고 화학공학이 무엇인지 이해하였다.
2. 유기공업화학과 무기공업화학에 대하여 간략하게 설명하였다.
3. 유기공업화학 분야로는 석유화학, 고분자 산업을 주제로 공부할 것이며 페인트, 유지, 계면활성제, 그리고 화장품 산업에 관해 알아볼 것이다.
4. 무기공업화학 분야로는 산, 알칼리 공업, 암모니아 비료 공업, 전기화학, 반도체 산업 그리고 탄소 재료 산업에 관해 다룰 것이다.

읽을거리 인류를 구한 곰팡이, 페니실린의 발견

위대한 발견에는 행운이 따르는 법이다. 인류 최초의 항생제는 영국의 알렉산더 플레밍이 찾아낸 페니실린(penicillin)이라 할 수 있다. 플레밍은 세인트 메리 의과대학에 들어가 미생물학자가 되어 페트리접시에 미생물을 키우면서 미생물 성장을 억제하는 물질을 찾아내는 연구를 하였다. 이런 연구를 통해 눈물에서 추출한 라이소자임(lysozyme)이라는 효소가 몇몇 박테리아의 성장을 억제한다는 사실을 밝혔다. 플레밍이 일하던 실험실 아래층에서는 곰팡이를 연구하던 라투슈가 실험을 하고 있었다. 1928년 여름 플레밍은 포도상구균을 기르던 접시를 배양기 밖에 둔 채로 휴가를 다녀왔는데, 페트리접시를 확인하던 중 푸른색 곰팡이가 접시 속 배지 위에 자라있고 곰팡이 주변의 포도상구균이 깨끗하게 녹아있는 모습을 발견했다. 지나칠 수도 있는 일이었지만 플레밍은 곰팡이가 포도상구균의 성장을 막고 있다는 것을 알아차렸다. 푸른곰팡이 중에서 페니실리움 노타툼(*Penicillium notatum*)만이 페니실린의 제조에 사용되는데, 이 특별한 곰팡이가 아래층의 라투슈의 연구실에서 올라와 플레밍의 페트리접시에서 자리를 잡고 자란 것이었다.

플레밍은 문제의 곰팡이를 배양했는데, 페니실린은 포도상구균 외에도 여러 종류의 세균에 대해 항균 작용을 나타냈다. 특히 연쇄상구균, 뇌수막염균, 임질균, 디프테리아균 등 인간과 가축에 무서운 전염병을 일으키는 병원균들에 효과가 컸다. 이와 더불어 페니실린은 다른 약물들에 대체로 취약한 인간의 백혈구에 전혀 해를 끼치지 않는다는 점과 페니실린을 생쥐에 주사해도 거의 해가 없다는 사실이 확인되었다. 플레밍은 이듬해인 1929년 연구 결과를 '영국 실험병리학회지'에 발표하였다.

그러나 페니실린 상용화에는 중요한 장애물이 있었다. 곰팡이를 직접 인간에게 투입할 수는 없었기에 페니실린을 약품으로 정제하는 것이 필요했으나, 쉬운 일이 아니었다. 다행히 플레밍의 위대한 발견은 오스트리아 출신 플로리와 유대계 독일인 체인 덕분에 사장되지 않고 세상에 나올 수 있었다. 1939년 플로리와

체인은 페니실린 연구에 착수했고 반년 동안의 노력 끝에 페니실린을 정제해 결정을 얻는 데 성공했다. 그들은 정제된 페니실린으로 동물실험을 거듭해 1940년 의학 저널 '란셋'에 페니실린이 강력한 전염병 치료 효과를 보고 있다는 연구 결과를 발표했다.

1941년 인간에게 최초로 페니실린이 투여되었다. 패혈증으로 회복 가능성이 전혀 없는 앨버트 알렉산더에게 페니실린 200 mg이 투여된 것이다. 페니실린은 3시간 단위로 투여됐는데 그 효과는 놀라웠다. 24시간도 되지 않아 알렉산더의 상태가 눈에 띄게 호전되었다. 체온이 정상으로 돌아왔으며, 곪아가던 상처가 낫기 시작했고 입맛도 돌아왔다. 사람들은 기적이 일어났다고 생각했다. 엿새 만에 임상약이 떨어지는 바람에 알렉산더는 사망했지만, 이는 페니실린의 효능을 세상에 확실하게 알린 사건이었다. 페니실린은 제2차 세계대전 중 상용화에 성공해 1943년부터 사용되기 시작했다. 1944년부터는 민간에도 사용돼 수많은 전염병 환자의 목숨을 구했다. 플로리와 체인은 페니실린의 개발자인 플레밍과 함께 1945년 노벨 생리의학상을 수상했다. 이렇듯 페니실린의 발견은 인간이 미생물과의 싸움에서 마침내 엄청난 무기를 획득하게 된, 역사적으로 매우 중요한 사건이었다.

※ KISTI 과학 향기 제3587호 (2020년 10월 26일) 서홍관 과학 칼럼니스트의 글에서 발췌.

연습문제

1 객관식 **공업화학에 대한 설명 중에서 잘못된 것은? ( )**

① 공업화학은 화학 제품의 생산 공정이나 제조 방법을 중요시하는 공학이다.

② 공업화학은 과학적 사고를 중시하는 학문 분야다.

③ 공업화학에서는 단위 공정의 제조 기술개발을 중시한다.

④ 공업화학은 20세기 다양한 석유화학제품의 개발에 크게 이바지하였다.

2 O, X 문제 반도체의 개발이 2차산업혁명의 시대를 열었다.

( )

3 주관식 탄소 원자가 수소, 산소, 질소와 결합하여 만든 물질로 유기공업화학의 원료 물질이 되는 것을 무엇이라 하는가? ( )

2장

석유화학 공업 1

원유의 채굴과 생산 관련 부분과 원유를 정제하는 증류 공정, 그리고 증류 공정으로 생산된 석유계 연료들의 특성과 정유산업, 석유화학 산업의 기초 유분의 생산과 응용상품의 제조, 석유 원료의 개질로 부가가치 창출 등 석유화학 공업에서 다뤄야 할 부분은 너무나 많다. 이번 장에서는 먼저 석유가 무엇인지에서 시작하여, 석유 생산과 정유 산업의 역사와 특징 그리고 에너지 정책 관련 내용에 초점을 맞춘다. 다음 장에서 원유의 정제 및 개질 공정, 석유화학 산업의 기초 유분의 생산과 이를 활용한 산업 전반을 주제로 다룰 것이다.

1 석유화학 개론

석유는 자연에 존재하는 독특한 냄새의 암녹색 또는 암갈색의 탄화수소 혼합물로 물보다 가볍지만 끈적끈적한 고점성을 지니고 있다. 석탄과 함께 화석연료(fossil fuel)라고 하는데 기존에는 페름기 대멸종으로 인하여 대규모로 생성된 유기물질이라는 이론이 유력하였으나, 다른 견해들도 있어 정확히 생성된 원인은 규명되지 않고 있다. 정제하지 않은 석유를 원유(crude oil)이라고 하며 이를 정제하여 휘발유, 등유, 경유, 중유 등을 제조하면 석유제품(petroleum products)이 된다. 석유(kerosene)는 초기에는 어둠을 밝히는 용도로 사용된 등유(lamp oil)였고, 그 사용이 난방 및 취사용으로 확대되었기 때문에 상당 기간 석유제품의 주종인 등유를 석유로 통칭하기도 하였다.

원유는 여러 가지 탄화수소의 혼합물로 되어 있으므로, 단일 물질과는 달리 일정한 비등점이 없고, 증류 범위로 나눈다. 따라서 원유를 정제하는 가장 단순한 공정은 원유 중의 경질 성분과 중질성분을 나누어 취득하는 증류 작업이다. 석유는 전기 전도율이 매우 낮아서 불순물이 낮은 석유는 절연성이 높은 것으로 알려져 있다.

석유와 관련된 공업은 원유를 채굴하는 단계의 원유 시추 공업, 시추한 원유를 분리·정제하여 각종 연료유, 용제, 윤활유 등의 제품을 만드는 정유 공업, 유기화학 공업용 기초원료나 중간체를 만드는 석유화학공업으로 분류할 수 있다.

로마제국, 페르시아, 일본, 인도, 유럽의 일부 국가에서 석유를 조명으로 사용한 기록이 있다고 하는 것을 보면 어둠을 밝히는 등화용으로서 석유가 전 세계적으로 사용되기 시작한 것은 꽤 오래된 것 같지만, 대부분은 그 활용법을 모르는 시커먼 기름 덩어리로 여겼다. 석유의 조명용으로서의 특징은 요한 헐크에 의해 유럽에 알려졌다. 그는 1625년 석유가 가진 다양한 용도에 대하여 상당히 예언자적인 견해를 밝히면서 "이 기름은 불순물이 제거되고, 증류로 수분이 분리된다면 연료용으로 우수하다. 이것으로 폭죽을 만들고, 대포에 사용할 화약을 제조하면 아마씨유보다도 더 격렬하게 타오르기 때문에 아마씨유 대신에 사용할 수도 있다"라고 소개하였다.

밤에 불을 켜는 등화용 연료로 미국에서는 18세기 이후 고래기름이 사용되었다. 당시에는 고래기름이 가장 우수한 연료였는데 이민자들이 급증하면서 램프용 연료이던 고래기름 가격이 급상승하여 1850년대부터 석유를 찾기 위한 노력이 시작되었다. 마침내 1859년 미국 펜실베이니아주 타이스빌에서 에드윈 드레이크라는 철도 승무원이 조명용 램프 연료를 구하기 위해 땅을 뚫어 석유를 발견하는 데 성공하였다. 이 지역은 전부터 오일 크리크(oil creek : 석유가 흐르는 강)라고 불리는 곳이었는데 1년간의 노력 끝에 30미터 깊이로 시추해서 석유를 발견한 것이다. 생산량은 하루 35배럴에 불과한 소량이었지만 당시 시장 수요로 보아서는 충분한 양이었다. 석유에 대한 열기는 미국은 물론 세계 구석구석으로 퍼져나갔다. 오일크리크 계곡의 산유량은 최초 연간 2,000배럴에서 10년 동안에 500만 배럴로 늘어났으며, 19세기 말 텍사스 유전지대가 등장하기까지 펜실베이니아 유전지대는 미국은 물론 전 세계에서 가장 큰 산유 지역이었다.

이 시대 록펠러라는 거대 석유 재벌이 탄생했다. 그는 석유의 발견은 일확천금이 가능하나 유가 가격 변동이 크고, 석유 발견에 실패할 확률도 높아 안정적인 산업이 될 수 없다고 판단했다. 대신 정유는 생산과 판매를 연결하는 중간 위치로 양쪽 모두에 영향을 미칠 수 있으므로 석유산업을 지배할 수 있다고 믿었다. 1870년 록펠러는 오하이오주 클리블랜드에 하루 600배럴 생산 규모의 스탠다드 오일이라는 석유회사를 설립였는데, 이는 현재 미국 시장에서 4%를 점유하는 최대의 정유회사가 되었다. 그는 정유사업이 성공하려면 철도를 통한 운송에서 경쟁력이 있어야 함을 간파하고 최대의 철도 화주가 되었고, 주변의 정유 공장을 흡수합병 함으로써 기업을 성장시켰다. 송유관과 철도화차까지 매입함으로써 20여 년이 지난 1892년 스탠다드 오일은 미국의 석유정제 및 판매시장의 90%를 독점하는 초거대 기업이 되었다. 이 회사는 생산, 수송, 정제, 판매 단계의 모든 작업을 관리·통제하는 독점의 부정적 이미지가 커져 1911년 반트러스트법에 따라 34개 사로 분할되었고 이 회사들이 지금의 엑손, 모빌 등으로 발전하였다. 또한 1901년 미국 텍사스주 스핀들 톱 지역에서 하루 10만 배럴을 생산하는 거대한 유전이 발견되어 후에 걸프와 텍사코라는 기업이 탄생하였다.

그즈음 독일에서는 1885년에 다임러라는 엔지니어가 휘발유로 작동하는 내연기관(폭발기관)을 완성하여 특허를 신청하였다. 1886년 카를 벤츠는 세계 최초의 휘발유 자동차회사를 설립하였고, 1893년 루돌프 디젤은 중질유의 분사 작용에 의한 디젤엔진의 특허를 취득하였다. 원유를 증류하면 가솔린, 등유, 경유가 얻어지는데 등유 이외의 가솔린과 경유까지 모두 연료로 사용할 수 있는 방법이 열리면서 석유의 가치는 크게 증가하였다. 특히 가솔린은 휘발유라 하여 가치 없고 귀찮은 부산물로 간주하였는데, 불과 수년 사이에 가장 많이 요구되는 석유제품으로 변화되었다.

한편으로는 다양한 용도의 값싼 석유제품이 대량 생산되었기에, 그것을 연료로써 사용할 수 있는 기계의 개발이 촉진되었으며, 이에 따라 자동차·항공기·선박과 같은 거대산업이 탄생하였다고도 볼 수 있다. 유럽에서는 1890년 인도네시아에서 로열 더치 석유회사가 등장하여 석유산업의 국제화가 이루어졌고, 동남아 지역에서 성장하던 로열 더치는 1907년 수송 및 판매 부문을 전담하던 셸 운수 무역회사와 통합하여 로열더치셸로 거듭났다.

19세기 후반 석유산업이 가솔린, 등유, 경유의 사용처가 생기면서 급성장했다면 석탄산업과의 경쟁도 생각해 봐야 할 것이다. 1차 산업혁명의 기반이 석탄을 사용하는 기계공학을 기반으로 발전하였고, 이에 따라 석유와 석탄은 둘 다 기계엔진의 연료가 되기에 경쟁상태에 놓이기 때문이다. 영국·독일과 같이 석탄이 풍부하여 산업경쟁력이 광산자원 위에서 확립된 나라에서는 석유 연료의 사용에 대한 정치적 결정이 필요하였다. 석유는 먼 나라에서 수입해야 하지만 석탄은 자국 내에 풍부하게 존재하고, 광부의 일자리도 마련해 줄 수 있다는 이점을 가지고 있었기 때문이다. 이들 국가는 현존하는 자원과 설비를 이용한다는 방침 아래에서 석유로의 전환을 반대하였다. 특히 영국에서 석탄 대 석유의 논쟁이 가장 격렬하게 일어나 석유의 채용이 지연되었다.

20세기로 넘어가면서 미국에서는 1903년 헨리 포드가 포드 자동차회사를 설립하고, 1909년 라이트 형제가 12마력의 휘발유 엔진에 프로펠러를 장치한 글라이더로 비행에 성공함으로써 휘발유 시대의 도래를 예고하였다. 동토의 땅 소련은 석탄 채굴이 어렵고 석탄 연료의 가격이 비싼 반면, 중유(디젤)의 입수는 쉬웠기 때문에 1870년에 카스피해를 항해하는 선박에 중유보일러를 채용하였다. 따라서 소련함대는 영국 등 주요 강대국의 해군보다 약 25년이나 앞서서 신연료인 중유를 사용하게 되었다. 영국 해군에서는 강해지는 소련 해군의 기동력에 대응하여 선박용 연료로 석유 연료 도입의 시급함을 느꼈고, 1913년에 해군 장관이 된 윈스턴 처칠이 '앵글로 페르시안 석유'의 주식 과반수를 취득하여 안정적인 석유 공급원을 확보하였기에 석탄에서 석유로 엔진 변화를 채택하였다. 1912년에는 원유에 열을 가하여 끓는점에 따라 휘발유, 등유, 경유, 중유를 차례로 생산해내는 증류공정을 활용한 최초의 현대식 정유 공장이 미국에 세워짐에 따라 다양한 종류의 석유제품 공급이 가능해졌다. 비록 석유산업이 램프용 등유 기름을 공급하기 위해 출발하였다고는 하지만, 자동차 연료 수요의 출현이 그 성장의 계기가 되었다. 결국 1870년대 이후 지난 100년 동안 기계공학이 유발한 1차 산업혁명에서 그 원료인 석유의 급부상으로 2차 산업혁명이 시작되었다고 할 수 있겠다.

20세기 이후에는 중동에서 석유가 채굴되면서 정치적, 경제적 이권 다툼이 2차 산업혁명에 의한 발전과 겹치며 더 복잡해졌고 석유는 세상에서 가장 중요한 물질이 되었다. 석유 때문에 많은 전쟁이 발생하였고 누군가는 상상할 수 없을 만큼 큰 부를 축적하였지만, 산유국이면서도 최빈국으로 전락하게 하는 악마의 눈물이 되기도 하였다.

석유의 발견이 횡재를 가져다주는 사회 분위기 속에서 석유의 탐사와 시추는 운에 모든 것을 맡기는 도박이나 마찬가지였다. 특히 석유는 먼저 캐낸 사람이 임자라는 '포획법규'가 한몫했다. 당시 고래잡이 포경업에서 통용되던 해사법규가 유전에도 적용된 것이다. 이 포획법규에 따르면, 석유가 비록 이웃 사람의 소유지에서 나오는 것이라고 해도 석유를 먼저 채굴한 사람이 그 토지로부터의 모든 석유를 채취할 수 있는 권리를 갖게 된다는 것이다. 따라서 토지소유자는 그들의 광구 경계선에서 가장 가까운 장소를 뚫어, 이웃 사람으로부터 석유를 가로채어 자신의 매장량을 늘려나갔다. 영화 '자이언트'에는 세기의 배우 제임스 딘이 석유 시추에 성공하여 솟구쳐 쏟아지는 석유를 맞으며 기뻐하는 장면이 나오기도 한다.

2 원유의 종류와 특성

석유와 관련해서 국제적으로 사용되고 있는 단위를 이해할 필요가 있다.

[용적] 1 배럴(bbl) = 158.987 *l* (약 159 l) = 0.159 k*l*

1 갤론(미국, gallon) = 3.785 *l* = 0.833 갤론(영국, gallon)

[질량] 1 파운드(lb) = 16 온스(oz) = 0.456 kg

[압력] 1 psi = 1 lb/in^2 = 0.068 atm = 0.0703 kg/cm^2

[길이] 1 피트(ft) = 12 인치(in) = 30.48 cm

배럴(barrel, bbl)은 야드/파운드법에서 부피를 나타내는 단위이며 원유나 각종 석유제품의 계량은 배럴로 행해져 왔다. 과거에 나무로 된 둥근 참나무통, 오크통에 액체를 담아 나르던 시절로부터 전해져 내려오는 1통에 담기는 석유 부피로 이제는 석유류 제품의 계량 단위가 되었다. 이는 19세기 미국 펜실베이니아에서 생산한 원유 수송 시 오크통을 사용한 데서 유래된 것이다. 그 당시에는 1배럴이 50갤런이었으나 현재는 42갤런인데, 50갤런들이의 나무통으로 석유를 운반하다 보니 도중에 기름이 증발하거나 새어 나와 목적지에 도착했을 때는 평균 42갤런밖에 남지 않았기 때문이라고 한다. 배럴 사용법은 무엇을 담는지에 따라 국가마다 다른 수치를 보이지만 우리나라는 미국의 석유 계량법인 42갤런(약 159 l)을 사용하고 있다.

원유의 비중을 나타내는 지표로 American Petroleum Institute degree(API도)를 사

용한다. API도 또는 API 비중은 원유가 물에 비해 얼마나 무거운지, 혹은 가벼운지를 측정하는 지표로 다음과 같이 계산된다.

> API gravity = (141.5/specific gravity) − 131.5
>
> Specific gravity: 60°F(약 15.6°C)에서 원유의 질량과 그것과 같은 체적의 60°F에서 물의 질량과의 비이다.

세계적으로 경질과 중질유를 구분하는 기준으로 API도를 사용하는데, API도가 높을수록 경질유이며 점성도가 낮고 휘발성 물질이 많고 가격이 비싸다. 이에 비해 API도가 낮으면 점성도가 높고 휘발성 성분이 적게 들어 있으며 중질유로 분류된다. API도 36 이상을 초경질 원유라 하는데, OPEC의 기준 원유인 아라비안라이트의 API도는 34 정도로 경질유(conventional oil)라고 구분한다. 경질유(conventional oil)는 API도가 22～45도, 중질유(heavy oil)는 10～30도, 초중질유(extra heavy oil)는 5～20도, 비튜멘이라 하는 역청은 10도 이하이다.

원유는 유전지역의 기름 우물, 즉 유정에 따라 그 조성이 다소 차이가 있다. 원유 중의 탄화수소는 파라핀계(C_nH_{2n+2}) 탄화수소, 나프텐계(사이클로파라핀) 탄화수소 또는 방향족계 탄화수소로 되어 있고 탄화수소 이외에 소량의 황 화합물, 염 화합물, 질소 화합물 및 금속 화합물이 혼합되어 있다. 일반적으로 지질 시대가 오래되고, 유정이 깊은 곳의 원유는 파라핀계 탄화수소가 많은데, 이 원유는 경질분이나 왁스 성분이 풍부하고 비중이 작고 흐름성이 좋다. 이런 원유를 파라

표 1. 원유의 종류별 비중 및 API도 비교

원유 종류	일반적 비중	점도(25°C)	API도
경질유(conventional oil)	0.830 미만	10～20 cp	22～45도
중질유(heavy crude oil)	0.833～0.966	1×10^5 cp	10～30도
초중질유(extra heavy oil)	0.966 이상	1×10^6 cp	5～20도
Natural bitumen	1 이상	1.3×10^6 cp	10도 이하

핀기 원유(paraffin base crude oil)라고 한다. 이에 비해 유정이 얕으면 나프텐계 탄화수소가 많고 중질유분이나 아스팔트가 많이 포함되어 비중도 크고 흐름성도 나빠지는데, 이것을 나프텐기 원유(naphthene base crude oil)라고 한다. 또 중간의 특성이 있는 원유를 중간기 원유(intermediate base crude oil)라고 한다.

표 2. 산유국별 원유의 성상 비교

산유국명	사우디아라비아	이란	인도네시아	중국	일본
원유명	아라비안 라이트	아라비안 헤비	미나스	대경석유	흑천석유
비중(d_4^{15}) 유동점(℃) 황(wt%)	0.858 −35> 1.8	0.970 −35> 1.7	0.848 +35 0.7	0.859 +32.5 0.11	−
원유 종류	중간기(혼합기) 원유		파라핀기 원유		나프텐기 원유

표 3. 파라핀계 탄화수소

화합물명	구조식	비점 (℃)	비중 (d_4^{20})	굴절률 (n_D^{20})
메테인	CH_4	−161.49	−	−
에테인	CH_3-CH_3	−88.63	−	−
프로페인	$CH_3-CH_2-CH_3$	−42.07	0.500	−
뷰테인	$CH_3-CH_2-CH_2-CH_3$	−0.5	0.579	−
2−메틸프로페인	$CH_3-CH(CH_3)-CH_3$	−11.73	0.557	1.333
n−펜테인	$CH_3-CH_2-CH_2-CH_2-CH_3$	36.05	0.626	1.358
n−헥세인	$CH_3-CH_2-CH_2-CH_2-CH_2-CH_3$	68.74	0.659	1.375
2,2−다이메틸뷰테인	$CH_3-C(CH_3)_2-CH_2-CH_3$	49.74	0.649	1.369
2,3−다이메틸뷰테인	$CH_3-CH(CH_3)-CH(CH_3)-CH_3$	57.99	0.662	1.375
2−메틸펜테인	$CH_3-CH(CH_3)-CH_2-CH_2-CH_3$	60.27	0.653	1.371
3−메틸펜테인	$CH_3-CH_2-CH(CH_3)-CH_2-CH_3$	68.28	0.664	1.377
n−헵테인	C_7H_{16}	98.43	0.684	1.388
n−옥테인	C_8H_{18}	125.67	0.703	1.397
2,2,4−트리메틸펜테인 (아이소옥테인)	$CH_3-C(CH_3)_2-CH_2-CH(CH_3)-CH_3$	99.24	0.692	1.391
n−데케인	$C_{10}H_{22}$	174.12	0.730	1.412

표 4. 사이클로파라핀(나프텐)계 탄화수소

화합물명	구조식		비점(℃)	비중(d_4^{20})	굴절률(n_D^{20})
사이클로펜테인	C_5H_{10}	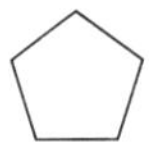	49.26	0.745	1.406
메틸사이클로펜테인	$CH_3-C_5H_9$	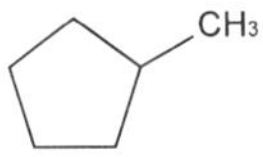	71.81	0.749	1.410
사이클로헥세인	C_6H_{12}	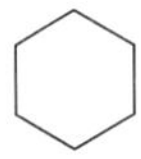	80.74	0.779	1.426
메틸사이클로헥세인	$CH_3-C_6H_{11}$	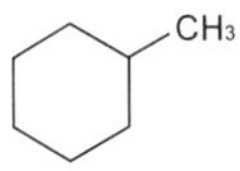	100.93	0.769	1.423
에틸사이클로헥세인	$C_2H_5-C_6H_{11}$	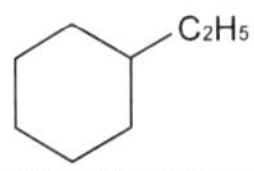	131.78	0.790	1.433

표 5. 방향족계 탄화수소

화합물명	구조식		비점(℃)	비중(d_4^{20})	굴절률(n_D^{20})
벤젠	C_6H_6		80.1	0.879	1.501
톨루엔	$CH_3-C_6H_5$	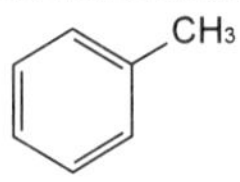	110.63	0.867	1.497
o-자일렌	$(CH_3)_2-C_6H_4$	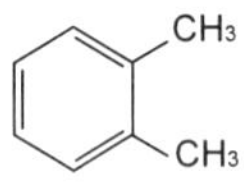	144.41	0.880	1.505
m-자일렌	$(CH_3)_2-C_6H_4$	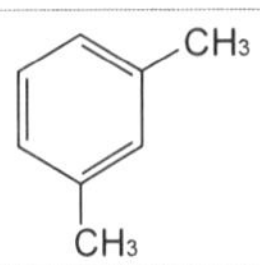	139.10	0.864	1.497
p-자일렌	$(CH_3)_2-C_6H_4$	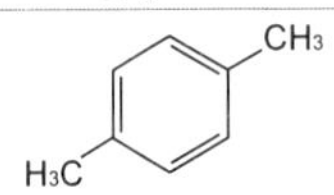	138.35	0.861	1.496
에틸벤젠	$C_2H_5-C_6H_5$	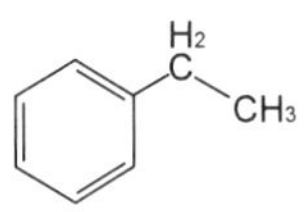	136.19	0.867	1.496
아이소프로필벤젠(큐멘)	$(CH_3)_2CH-C_6H_5$	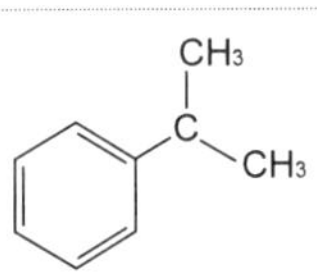	152.39	0.862	1.491

원유의 매장량이란 유층 내에 집적되어 있는 원유를 지표로 끌어 올렸을 때 1기압 15℃ 표준상태에서의 원유의 용적을 말한다. 매장량의 개념 중 일반적으로 가장 많이 쓰이는 것이 확인매장량(proved reserve)이다. 이는 이미 발견된 유정의 매장량 중 현재의 기술과 경비로 회수할 수 있는 채굴 가능한 추정유량, 즉 가채량을 말하며, 지하에 남아 있는 원유는 포함되지 않는다. 석유 매장량에서 최대 관심사는 현재와 같은 규모로 생산할 경우 앞으로 몇 년이나 더 쓸 수 있는지, 즉 앞으로 몇 년이나 생산 가능한지를 말하는 가채년수(R/P)이다. 가채년수는 확인매장량을 연간 생산량(production)으로 나누어 구한다. British Petroleum Company에서 2013년에 발표한 자료에 의하면 지구상에 매장된 원유는 약 1조 6,880억 배럴로, 현재 추세로 채굴하면 향후 53.3년 동안 채굴이 가능할 것으로 예측하였다.

그러나 가채년수가 53년이라고 해서 석유가 53년 후 고갈될 것이라고 속단할 수는 없다. 확인매장량은 단지 현재의 기술로 경제적으로 회수할 수 있는 양만 말하는 것으로, 궁극적인 가채매장량의 3분의 1 정도이기 때문에 앞으로 개발 기술이 계속 진보되어 나머지 3분의 2를 회수할 경우, 새 유전이 전혀 발견되지 않는다 해도 가채년수는 3배로 늘어난다. 석유는 재생할 수 없는 화석연료이기 때문에, 석유 위기는 고갈 시점에 오는 것이 아니라 생산이 정점에 달하여 수요 증가를 충족시킬 수 없을 때 더 두드러진다. 수요-공급에 따라 가격이 결정되기에 수요가 급증하거나 공급에 차질이 생겼을 때 석유 위기가 오는 것이다. 일반적으로 경제성 있는 유전부터 개발하였기 때문에 점차 석유 가격이 상승하는 것은 당연해 보인다. 석유의 생산 능력이 급등하지 않는 가장 큰 이유는 석유 가격 상승에도 불구하고 늘지 않고 있는 석유개발 부문 투자에 있다. 투자비가 수조 원 단위로 워낙 큰데다, 석유 생산국의 자원 국수주의, 유전에 대한 국유화, 정치적 불안정 등 석유개발에 따른 위험부담이 증가하고 있어서 시급한 투자가 원활히 이루어지지 않고 있다. 반면에 중국, 인도 등 개발도상국들에서는 급속도로 진전되고 있는 공업화 및 자동차 보급으로 인하여 석유 수요는 큰 폭으로 늘어날 수밖에 없다.

산유국 중에서 석유수출국기구(OPEC) 회원국들로는 사우디아라비아, 이란, 이라크, 쿠웨이트, UAE, 베네수엘라, 리비아, 나이지리아, 카타르, 에콰도르, 앙골라, 알제리, 인도네시아의 13개국이 있으며 전 세계 매장량의 60% 이상을 점유하고 있다. 미국은 2010년부터 신기술을 이용해 셰일가스·오일 생산량을 급격히 늘렸다. 이를 합쳐 미국의 하루 원유 생산량은 2020년 기준 1,860만 배럴로 사우디아라비아(1,100만 배럴), 러시아(1,050만 배럴)를 제치고 세계 최대 원유생산국에 올랐다. 러시아-우크라이나 전쟁으로 러시아산 하루 천만 배럴의 공급이 차질을 빚으며 국제유가가 요동치고, 다른 에너지와 석유화학 제품까지 가격이 급등하는 현상이 발생하기도 하였다.

원유는 주성분이 여러 가지 탄화수소 혼합물로, 비등점 차이에 따라 분류하는 증류 과정을 먼저 거친다. 이후 증류 과정을 통해 뽑아낸 여러 가지 유분 중에 포함된 불순물을 제거하고, 촉매를 첨가하여 반응을 일으켜 성질이 다른 탄화수소를 만들어 내는 개질 과정을 거치게 된다. 이와 같은 증류, 탈황, 분해, 개질 등의 공정을 총칭하여 석유 정제라고 한다. 정유 공장은, ① 로딩암이라고 하는 원유 수입 설비 ② 원유저장설비와·반제품 및 제품의 저장 탱크 ③ 상압증류·감압증류·접촉개질·접촉분해·각종 세정·탈황 등의 원유 정제설비 ④ 보일러·자가발전설비·냉각수 순환설비 등의 유틸리티 설비 ⑤ 출하 설비(용기충전설비, 출하 탱크의 집중관리설비) 등 각종 설비로 구성되어 있다. 정유 공장에는 연료유만

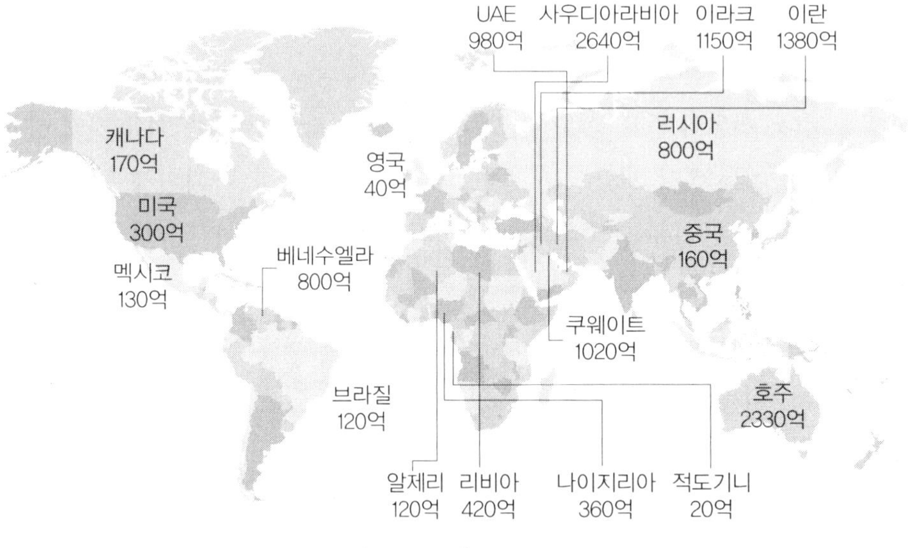

그림 1. 세계 산유국들의 원유 매장량(단위: 배럴)

을 생산하는 정유 공장, 연료유에서 윤활유까지 일관하여 생산하는 종합정유공장(complete refinery), 석유화학 산업의 원료인 나프타를 주로 생산하는 정유공장이나 화력발전이나 선박용 연료인 중유의 생산량이 많은 정유공장이 있다. 정유 공장은 모든 설비가 정제의 순서에 따라, 원유의 수입으로부터 석유제품의 출하까지 합리적으로 배치되어 있다. 석유화학공업의 원료는 액체나 기체인 점에서 파이프 수송 방식이 이용된다. 원유(crude oil)는 상압에서 증류탑에 유입되면 비점(boiling point)의 차이로 정유탑(refinery tower)의 맨 상단에서 하단의 순서로 LPG, 가솔린(gasoline, 휘발유), 나프타(naphtha), 등유(kerosene), 경유(diesel), 윤활유(lubricants) 및 중유(heavy oil, 벙커 A/B/C유) 그리고 잔사유(heavy residue)로 분리된다. 따라서 휘발유, 등유, 경유의 연료를 뽑아내는 공정과 나프타를 열분해, 크래킹하여 제1차 제품인 에틸렌·프로필렌 등의 기초원료를 만드는 원료 제조공정, 그리고 그것을 원료로 하는 제2차 제품인 폴리에틸렌·합성고무 등의 석유화학 제품 합성공정 등이 하나의 큰 집단으로 모여 있는 편이 유리하다. 이 같은 형태를 콤비나트(combinat)라고 한다. 원유는 상압증류를 통해 1차 정제가 되고 잔유물들은 2차 감압증류를 통해 다시 정제된다. 감압 잔사유는 중질유나 초중질유, 비튜멘과 비슷한 조성 및 물리적 특성을 보이는 것으로 확인되고 있는데, 최근에는 감압 잔사유도 원료나 연료로 활용할 수 있도록 다양한 연구 개발이 진행되고 있다. 원유 정제 공정의 대략적인 흐름을 그림 2에 나타내었다.

정유 공장은 국민총생산의 수 내지 수십%를 차지할 만큼 중요한 국가기간산업이다. 한국은 원유 한 방울 나오지 않는 비산유국이지만 세계 6위의 정유 생산 능력을 보유하고 있다. 정유 공장의 수는 6개이지만 각각의 정유 공장들은 세계 최고의 생산 CAPA를 지니고 있다. 특히 울산 SK Energy(85만 배럴/일, 세계 3위), 여수 GS Caltex(73만 배럴/일, 세계 4위), 울산 S-Oil(67만 배럴/일, 세계 6위) 등 국내 정유 시설들은 1기당 정유 생산 능력이 매우 높으며 생산 수율도 특히 우수하다. 이러한 생산 능력으로 인해 우리나라는 비산유국이지만 세계 6위의 석유화학 대국의 지위를 유지할 수 있게 되었다.

국내 정유산업은 1962년 제1차 경제개발 5개년 계획 출범과 역사를 같이 한다. 당시 정부는 석유 에너지의 안정공급 없이는 성공적인 추진이 불가능하다고 판

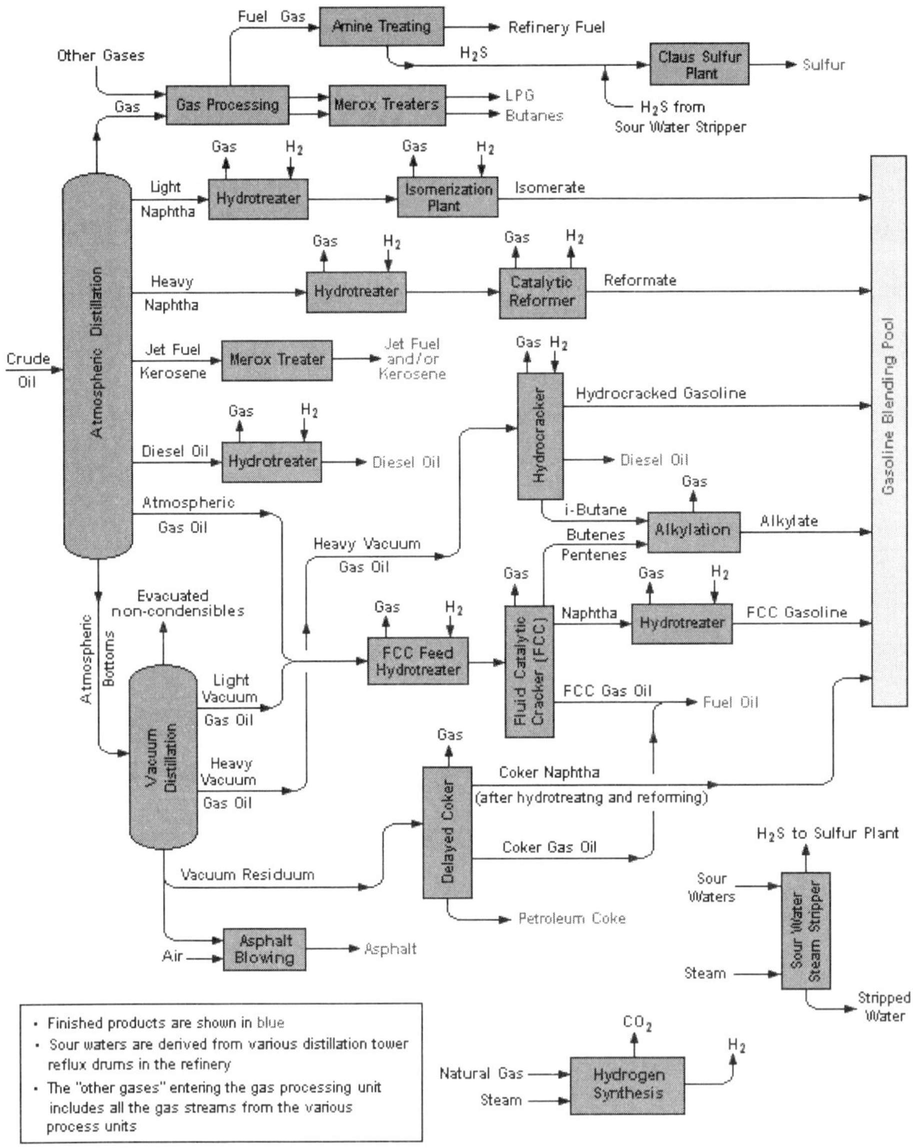

그림 2. 원유 정제의 공정흐름도(process flow diagram, PFD도)

단하고 국가 경제의 기간산업으로서, 수입 대체 산업의 핵심 사업으로 정유 공장 건설을 최우선사업으로 채택하였다. 결과적으로 국내 여수, 울산, 대산에 대규모 석유화학 단지(콤비나트)가 조성되었다. 현재 우리나라의 석유제품 수출은 총생산량의 절반이 넘는 52%이며 수출금액으로는 반도체, 자동차, 핸드폰, 선박과 함께 5대 수출 품목의 하나를 차지하고 있다. 이처럼 석유 한 방울 안 나는 나라에서 석유산업이 수출산업으로 탈바꿈한 데는 내수 침체와 만성적인 공급 과잉의 상황에서 수출증대를 통해 신규 수요를 창출한 정유산업의 경영전략이 주효했던 것으로 평가된다.

원유 정제 또는 석유제품 수출을 통하여 거두는 수익은 정제 마진과 크랙 마진(crack margin)으로 구성된다. 정제 마진은 원유와 원유를 정제하여 생산된 석유제품 간의 가격 차이를 말하며, 크랙 마진은 중질유와 경질유의 가격 차이, 즉 벙커-C유를 크래킹(cracking ; 중질유 분해)하여 생산된 경질유와의 가격 차이이다. 통상적으로 단순 정제 마진은 높지 않은 수준이며 원유 값이 급등해버리거나 하면 경우에 따라 적자를 보기도 한다. 반면에 크랙 마진은 높은 수익성을 낼 수 있다. 원유 가격을 훨씬 밑도는 벙커-C유를 재정제하여 경질유로 만들어 판매한다면 수익이 배가되며, 경질유 가격이 강세이면 수익성은 더욱 좋아지므로, 이를 위해서는 고도화설비가 필요하며 시설투자가 수반되어야 한다. 최근의 국제 석유시장 추세를 살펴보면 단순 정제 마진은 낮아지고 크랙 마진은 확대되고 있다. 이러한 상황에서는 고도화 시설의 비율이 높을수록 이익 규모가 커진다. 고도화 시설이란 중질유 분해시설 및 탈황시설과 같은 2차 정제시설을 말하는데 1차 단순정제시설에 비해 막대한 시설비가 소요된다. 고도화 시설의 건설비는 단순정제시설의 4배에 이른다. 하지만 고도화 시설 확충은 지속 가능 및 석유제품의 안정공급을 위해서 선택이 아닌 필수사항이다. 고도화 시설을 '지상 유전'이라고 불리는 연유도 여기에 있다.

정리

1. 화석연료인 석유가 등화용 연료로 급부상하면서 증류 기술이 개발되었고 이에 따라 석유에서 LPG, 가솔린, 나프타, 등유, 경유, 중유, 윤활유, 아스팔트가 생산되었다.
2. 산업혁명 이후 기계공학의 발전은 자동차의 발명으로 이어졌고, 석유 증류의 산물인 가솔린과 경유가 자동차의 에너지 공급원이 되면서 석유의 수료가 확대되었다.
3. 나프타는 크래킹 공정을 통해 에틸렌, 프로필렌, C_4 화합물로 분해되고 이 물질들은 석유화학산업의 기초원료가 되어 석유는 20세기 가장 중요한 물질이 되었다.
4. 우리나라는 비산유국이지만 고도화된 정유산업으로 그 정유생산능력은 세계 6위이다.

읽을거리 우리나라에서의 최초의 석유

석유는 우리나라에 언제 들어왔을까? 고종 17년(1880년) 일본에 간 사절단의 일원인 승려 이동인이 석유와 석유램프, 성냥을 가지고 귀국하면서 이 땅에 처음으로 석유를 소개한 것으로 보인다(황헌, 『매천야록』). 등유로서의 석유는 처음에는 '서양 기름'이라고 불렀고 한미 수교 2년 뒤인 1884년부터 미국과 우리나라 사이에 정식 무역이 이루어지면서 대량 수입된 것으로 알려져 있다. 석유는 아주까리나 들깨 기름보다도 2배나 더 오래 쓸 수 있는 반면, 값은 훨씬 저렴하였기에 사용이 서민층으로 급속히 확대되면서 1890~1900년대 석유는 광목류와 함께 양대 수입품목으로 자리 잡았다.

※ 에너지경제신문, 석유의 역사와 미래는(2019.04.07)에서 발췌.

연습문제

1 객관식 **다음 석유에 대한 설명 중에서 잘못된 것은? (   )**

① 석유는 화석연료로 가채년수가 유한한 자원이다.

② API도가 높을수록 점성도가 높은 원유로 중질유로 분류된다.

③ 비중이 높은 원유로 역청은 비튜멘이라 부른다.

④ 파라핀기 원유는 경질분이나 왁스 성분이 풍부하고 비중이 작고 흐름성이 좋다.

2 O, X 문제 **석유는 수요-공급에 따라 가격이 결정되기에 수요가 급증하거나 공급에 차질이 생겼을 때 석유 위기가 온다.**

(   )

3 주관식 **중질유와 경질유의 가격 차이, 즉 벙커-C유를 크래킹하여 생산된 경질유와의 가격 차이를 무엇이라고 하는가? (   )**

3장

석유화학 공업 2

2장에서는 석유의 정의와 그 종류를 알아보았고, 2차산업혁명 기간 석유가 인류에게 가장 중요한 물질로 되어가는 정유산업에 대하여 알아보았다. 이 장에서는 정유산업의 산물인 석유화학 연료유들과 개질기술, 그리고 나프타(naphtha) 크래킹 공정과 그 화학에 대하여 알아볼 것이다.

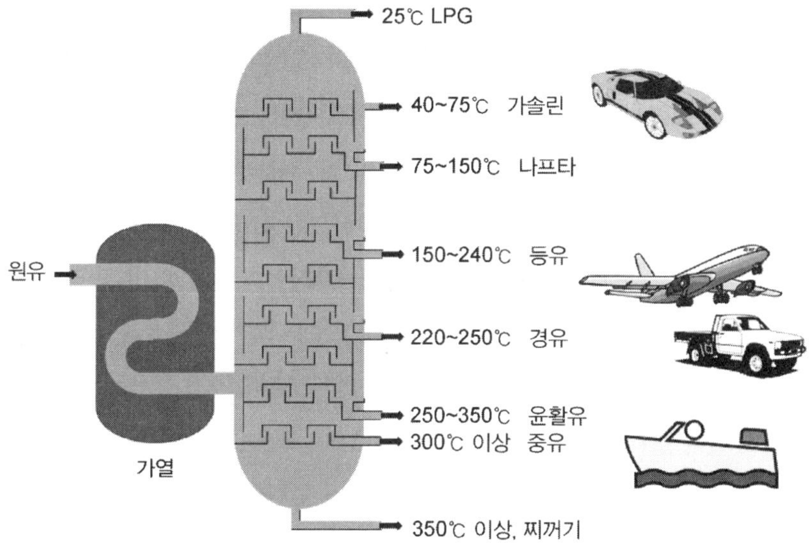

그림 3. 원유의 증류

1 원유의 증류 1: LPG, 가솔린, 나프타

원유 증류로 생산되는 연료유 중 LPG, 휘발류, 나프타는 상대적으로 낮은 비점에서 얻어진다. LPG 가스는 가장 낮은 온도인 25°C에서 분리되어 나온다. 온도를 증가시키면 40～75°C에서 가솔린이 분리된다. 75～150°C에서 얻은 증류분을 나프타(naphtha)라고 한다.

1) LPG(액화석유가스)

LPG는 원유의 채굴 또는 상압증류 시 가장 상단으로 분리되어 나오는 기체상의 탄화수소를 액화시킨 것으로서, 주성분은 프로페인(C_3H_8) 또는 뷰테인(C_4H_{10})이다. 석유유분 중 탄소수가 4개 이하의 가벼운 탄화수소는 상온·상압에서 기체상태로 존재하지만, 적정압력을 가하면 액체로 변한다. 따라서 프로페인과 뷰테인에 압력을 6~7 kg/cm^{2}로 가해 액화시킨 다음 압력용기에 넣은 것을 LPG라고 한다. 액화시키면 기체 상태일 때보다 부피가 약 1/240에서 1/280로 줄어들어 저장·수송 등 취급에 편리해진다. 상압에서 액화 프로페인은 −45℃에서 기화되며, 액화 뷰테인은 −0.5℃에서 기화된다. 프로페인은 뷰테인에 비해 가볍고 점화성이 좋다. 일반적으로 가정이나 음식점 등에서 사용하는 LPG는 용기 속에는 프로페인이 액체로 들어 있다가 용기에 부착된 압력 조정기를 통과하여 상압인 대기로 나올 때 가스화하여 불이 붙는다. 택시 등 LPG 자동차에 사용되는 뷰테인은 가스충전소에서 자동차 연료탱크로 액체로 충전된 후 그것을 감압시키는 가스조정기를 통과하여 기체화된 것이다.

LPG는 다른 수송용 연료에 비해 효율이 낮으며, 폭발사고의 위험이 있다. 그런데도 자동차 연료로 뷰테인 LPG를 사용하는 것은 도시가스 원료나 취사용으로 사용되던 프로페인에 비해 수요가 없는 뷰테인의 수요를 창출하고, 세금이 무거운 휘발유·경유 대신 세금을 낮춘 값싼 수송 연료를 공급하여 특수 수요자에게 연료비 부담을 경감시켜 주기 위한 정책적 고려에서 비롯된 것이다. LPG는 리터당 열량에 있어서 경유, 휘발유 등 타 석유제품에 비해 낮다. 따라서 수송용 연료로는 경유, 휘발유에 비해 연료 소모가 많아 자주 충전해줘야 하는 단점이 있다. 반면 LNG 성분의 도시가스보다는 열량이 높으므로 취사용에 있어서, 짧은 시간에 가열을 요구하는 대형음식점 등에서는 도시가스보다 선호된다.

2) 가솔린(휘발유)

가솔린 유분은 일반적으로 경질 휘발유와 중질휘발유로 나누어 채취하는데, 석유제품 중 약 8~9%의 생산 비중을 차지하며 자동차 연료로 가장 중요한 석유제품이다. 휘발유란 비중 약 0.65~0.75, 비점 범위가 30~200℃, 발열량 약

12,000 kcal/kg의 휘발성이 있는 무색투명 액체 상태의 석유 유분을 총칭하는 말이다. 휘발유의 물리적 성질은 일반적으로 상온·상압에서 증발하기 쉽고, 인화성이 매우 높으며, 공기와 적당히 혼합되면 폭발성 혼합가스가 되어 위험하다. 휘발유는 일반적으로 자동차용, 항공용, 공업용 등 세 가지로 나뉜다. 경질 휘발유는 중질휘발유보다는 옥탄가가 높아서 휘발유에 조합할 때는 단순히 황 분을 제거하여 해가 없는 것으로 바꾸는 간단한 정제 공정을 거친 후 조합하는 경우가 많다. 자동차용 휘발유는 가속될 때도 충분히 증발하여 실린더에 연료를 공급할 수 있도록 휘발성이 좋아야 한다.

자동차 엔진에서 압축비나 흡입 압력을 크게 하거나 점화시기를 빠르게 하면, 실린더 내에서의 이상연소(異常燃燒)에 의해 망치로 두드리는 것과 같은 소리가 나는 현상을 노킹현상이라고 한다. 이 노킹은 휘발유와 공기를 실린더 내에서 압축했을 때 피스톤이 상사점에 이르기 전에 점화되어 미연소 가스가 자연발화하면서 폭발적으로 연소하는 현상이다. 노킹이 일어나면 내연기관의 출력이 급격히 저하되고 기관의 과열, 배기밸브나 피스톤의 고장, 피스톤과 실린더가 녹아 붙는 등 자동차에 문제가 발생한다. 노킹은 엔진이 과열되거나 압축비가 커서 압축 혼합가스의 온도가 점화온도 이상으로 올라가면서 자기점화 되기 때문에 나타나는 것으로, 일반적으로 곧은 사슬 모양의 탄화수소가 많은 연료에서 노킹이 일어나기 쉽다.

노킹이 일어나기 어려운 성질을 안티노킹이라 하는데 휘발유에는 안티노킹 성질이 요구된다. 안티노킹성을 나타내는 척도로 옥탄가(옥테인값)가 사용되는데 옥탄가가 높을수록 안티노킹성이 좋다는 것을 나타낸다. 탄소수 7개의 탄화수소 중에서 n−헵테인(n−heptane)은 안티노킹 정도가 가장 낮은데 이를 옥탄가 0으로 하고, 안티노킹 정도가 높은 탄소수 8개의 아이소옥테인(2,2,4−trimethylpentane)을 옥탄가 100으로 정하여 연료 중 아이소옥테인의 부피 백분율(%)로 가솔린의 옥탄가를 나타낸다. 방향족 탄화수소는 옥탄가가 높아 거의 100 이상이다. 그러나 벤젠이나 톨루엔을 넣으면 옥탄가가 어느 정도 올라가기는 하지만 발암성 물질이라서 다른 문제를 일으킬 수 있어 연료에 첨가되지 않는다. 옥탄가 100 이상인 휘발유를 만들기 위해 아이소옥테인에 Methyl tert−butyl ether(MTBE)와 같은

표 6. AKI(anti-knock index) 규격 환산 시의 RON(Research octane number) 규격

구분	환산시		
미국(AKI)	87AKI	89AKI	93AKI
한국(RON) 환산 시	92RON	94RON	99RON

연비증강제를 첨가하기도 한다. 옥탄가가 높을수록 고급 휘발유이며 AKI, anti-knock index 규격을 이용한다(표 6). 미국 시장은 휘발유 종류가 Regular, Plus, Premium의 세종류로 나뉘는데 여기서 프리미엄이 93AKI이다. 대한민국에서는 RON(Research octane number) 규격을 이용하는데 옥탄가(RON)에 따라 91～94의 보통 휘발유와 94 이상의 고급 휘발유로 구분하고 있다.

중질휘발유는 옥탄가가 낮아서 접촉개질 장치를 거쳐 옥탄가를 향상시킨 후 휘발유에 조합한다. 접촉개질 장치는 휘발유를 고옥탄가로 만드는 중요한 장치인데, 부산물로서 LPG 및 가스가 생성된다. 자동차 휘발유는 경질 휘발유, 개질 휘발유 외에 접촉분해 장치에서 생성되는 분해휘발유를 혼합하여 만든다. 접촉분해 장치는 고옥탄가의 휘발유를 증산하는 장치로서 중질 경유분이나 감압경유분을 원료로 접촉분해 시켜 고옥탄가의 휘발유를 제조한다. 초기 기술로는 열에 의한 전환법만이 있었으나 요즘에는 촉매를 사용하여 수소 기류 중에서 전화하는 방법이 사용되고 있다. 이와 같은 전화 조작을 개질 또는 리포밍이라고 부르고 촉매를 이용한 방법을 접촉개질법(catalytic reforming)이라고 한다. 이러한 개질을 통해 얻은 가솔린 유분을 개질 휘발유(reformed gasoline)라고 한다.

백금-레늄 촉매를 사용하는 레니포밍법(rheniforming process)은 Chevron Oil

표 7. 접촉개질법의 분류

명칭	촉매	온도(℃)	압력(atm)	방식
하이드로포밍법 (Hydroforming process, Kellogg 사)	$MoO_3-Al_2O_3-SiO_2$	450～550	20	고정상
플랫포밍법 (Platforming process, UOP사)	$Pt-Cl-Al_2O_3-SiO_2$	450～500	10～50	고정상
레니포밍법 (Rheniforming process, CRC사)	$Pt-Re-Al_2O_3-SiO_2$	470～520	10～15	고정상

Company에서 개발한 접촉개질법으로 이 공정을 통해 나프타(naphtha)를 고옥탄가의 가솔린 혼합원료나 방향족 원료 물질로 전환한다. 이 접촉개질법에 의해 옥탄가 40~50 정도의 가솔린이 옥탄가 95~100 정도로 변환된다. 개질유 중의 방향족 탄화수소는 50~70%이고, 나머지는 아이소파라핀 구조의 가지형 탄화수소이다. 방향족 화합물이 가솔린에 많이 함유되면 옥탄가는 올라가지만 광화학 스모그의 원인을 제공할 수 있으므로 추출 공정을 거쳐 석유화학 원료로 보낸다. 미국에서는 이성화(異性化)법이라는 경질 휘발유 조성을 바꾸는 전화(轉化)법으로 경질 휘발유의 옥탄가를 높이는 방법도 사용되고 있다.

항공연료(aviation fuel)는 프로펠러를 가진 경비행기의 연료로 사용된다. 프로펠러 비행기의 항공 피스톤 엔진도 자동차의 휘발유 엔진과 같은 흡입→압축→폭발→배기의 4 사이클링 엔진이므로 품질도 자동차용 휘발유와 대부분 공유한다. 그러나 항공기의 경우 운행 조건이나 환경이 다르고 추락 등 사고 발생의 위험성이 크기 때문에 품질을 엄격하게 규정한다. 항공연료에는 항공기용 가솔린과 제트연료의 2종류가 있다. 압축비가 자동차는 8.0~10.0인데, 항공기용 가솔린 기관의 압축비는 7.0 정도이나 과급기(過給器)로 공기를 예비적으로 가압하여 기관에 공급하므로 이상연소(異常燃燒)를 방지하기 위하여 자동차용 휘발유보다 더 높은 옥탄가 연료가 필요하게 된다.

제트기에서 사용되는 제트연료는 나프타와 등유를 조합하여 만드는 것과 등유로 만드는 것이 있는데, 두 가지 모두 수소화 탈황장치 등으로 충분히 정제한 것을 조합하여 제품으로 만들고 있다. 제트비행기는 단시간 내에 고공으로 도달하는 특성이 있어 외기 압력과 온도의 급격한 저하로 인해서 발생하는 연료의 증발현상에 따르는 손실을 되도록 경감시키는 등 여러 가지 문제를 고려해야 한다. 즉, 연료의 증기압 문제, 저온도에서의 연료의 고점성(粘性)화 억제, 대형 상업용 항공기의 방대한 연료탑재량으로 인한 사고 발생 시의 인화성 문제, 점화소실(點火消失)했을 때 재점화의 용이성, 연료 계통에 대한 부식 및 발열량 등을 고려한다. 제트연료의 호칭은 미군 규격인 JP계(系), 영국규격, 미국 ASTM 규격 또는 각 항공회사에서 독자적으로 정한 여러 규격이 있다. JP-4는 중질(重質)가솔린계 연료로써 가장 많이 쓰이며, JP-5는 케로신계 연료로서 인화점이 높아 안전성이 우수하며, JP-6와 JP-7은 발키리 전투기와 블랙버드 전투기를 위해 특별히 제작된 연료로 발화점이 높다. 항공연료는 등유와 휘발유의 중간적 존재의 것이 사용되며, 인화점이 44에서 65℃ 사이이고 빙결점이 -40℃이다. 일반인들은 항공유가 자동차용 휘발유보다 휘발성이 뛰어날 것으로 생각하기 쉬운데 사실은 정반대이다. 항공유는 화재를 방지하기 위해 인화점을 높게 만들기 때문에 성냥불을 갖다 대도 금방 불이 붙지 않는다.

3) 나프타

나프타(naphtha)의 어원은 페르시아어의 Naft(땅에서 스며 나온 것)에서 온 것이다. 미국에서는 정제되지 않은 원조 가솔린(original gosoline)이란 의미로도 사용되고 있다. 나프타에서 제조공정을 거쳐 가솔린을 제조하기 때문이다. 나프타는 원유를 증류할 때 LPG와 등유 유분 사이에 유출되는 것으로 일반적으로 경질 나프타와 중질나프타로 구분한다. 경질 나프타는 비점 30~130℃, 비중 0.65~0.70이며, 중질나프타는 비점 90~170℃, 비중 0.70~0.75 정도이다. 경질 나프타는 크래커(cracker)의 원료로 에틸렌 제조용 석유화학 원료이고, 도시가스용 또는 합성비료 등 화학공업 원료로 사용되므로 열분해되기 쉬운 파라핀계 탄화수소가 많고 황 분이 적은 것이 바람직하다. 중질나프타는 리포머(reformer)의 원료로 사용되며, 자동차용 휘발유의 혼합 기초 재료인 접촉개질 휘발유의 원료와 방향족 탄화수소 제품원료로 사용되고, 방향족화되기 쉬운 아로마 나프텐계 탄화수소가 많은 것이 바람직하다.

2 원유의 증류 2: 등유부터 아스팔트까지

원유 증류로 생산되는 연료유 중에서 상대적으로 높은 비점에서 얻어지는 등유와 경유, 중유 및 아스팔트의 종류와 특성 등에 대하여 알아보자. 원유 증류할 때 나프타(naphtha)를 뽑아낸 이후, 150~220℃에서 등유가 분리된다. 그다음에 경유가 분리되고 무거운 중유와 윤활유를 얻게 된다. 350℃ 이상에서 나온 것은 아스팔트 분이다.

1) 등유

등유(kerosene)는 원유 정제 시 휘발유에 이어서 유출되는 유분으로 그 비점 범위는 160~300℃ 정도이며, 가정용으로 가장 많이 사용되나 동력용, 용제 등으로도 쓰인다. 가정용 등유에 있어서 가장 중요한 특성은 인화성이다. 등유는 영어로 케로신인데, 그 어원은 그리스어로 밀랍을 뜻하는 케로스이다. 여기서 보듯이 등유는 등화용 기름(lamp oil)으로 각광을 받아왔다. 초창기의 석유 정제는 케로신을 생산하고, 이 케로신으로부터 등화용의 기름과 함께 양초 제조용 파라핀 납을 얻는 것이 주요 공정이었다. 그러나 전기로 어둠을 밝히면서, 등유의 용도는 난방·주방용으로 바뀌었다. 등유는 풍로나 스토브 등에 채워진 후, 목면제 또는 유리섬유제의 심지로 빨아올려져 증발하면서 점화되어 공기를 따뜻하게 하거나, 음식물을 조리하는 데 사용되고 있다. 생활 수준의 향상과 함께 난방과 취사용 연료의 진화가 계속되어 등·경유 보일러 난방이 보급되다가, 최근에는 액화석유가스(LPG)와 가스 및 도시가스가 취사·난방에서 주요한 역할을 차지하고 있다. 현재 보일러용 등유는 등유 유분과 경유 유분을 적절하게 혼합하여 등유에 비해 발열량이 많아 보일러를 위한 연소성과 발열량을 동시에 만족시키고 있다. 그러나 연소 시 그을음과 소음이 발생하여 실내 난방기용으로는 적합하지 않아 주로 실외 난방기용이나 농업용 하우스 난방용으로만 사용되는 추세이다.

2) 경유

경유(diesel oil, gas oil)는 비점이 200~370℃ 범위로 경질 경유와 중질경유로 나뉘어 채취되는 경우가 많다. 경질 경유 일부는 수소화 탈황장치를 통해 디젤 경유가 되고 나머지는 중유와 섞어 사용된다. 중질경유는 단독으로 제품이 되는 경우는 드물고 중유와 섞어 사용되거나, 접촉분해 장치의 원료로 쓰이는 것이 보통이다. 원래는 휘발유나 등유보다 용도가 적고 가격이 낮아 경유를 분해한 가스를 첨가하게 시켜서 도시가스의 열량을 높이는 데 사용하였기 때문에 가스 오일이라는 별칭이 붙었다. 경유의 용도는 보일러의 연료와 기계 등의 세척용, 금속가

공유 원료 등으로 사용되나 대부분(약 80%)이 각종 디젤엔진의 연료로 쓰이고 있어 디젤오일이라고 부른다. 사실 디젤엔진에는 디젤오일 외에도 등유와 중유가 섞여 사용되므로 디젤연료 모두가 경유는 아니다.

점화 플러그를 사용한 전기착화식 방식의 휘발유 엔진과 달리 디젤엔진은 연소실 내의 흡입 공기를 고압으로 압축시키고 여기에 디젤유를 분사시켜 연소하는 압축착화식 방식으로 구동된다. 디젤엔진은 처음에는 엔진 크기가 초대형이고 출력이 대단히 커서 대형선박과 대형기계의 동력원으로 이용되다가 엔진의 소형화에 성공하여 자동차용으로도 쓰이게 되었다.

대형선박과 이동하지 않는 형태의 동력원으로 이동되는 것을 저속 디젤엔진, 자동차용에 주로 이용되는 것을 고속 디젤엔진이라고 하며 디젤 오일은 ① 엔진에 필요한 착화성을 지녀야 하고, ② 사용온도에서 적당한 점도 및 휘발성을 유지하며, ③ 유동점이 낮아 저온에서 펌프 작동성이 좋아야 한다. 디젤엔진에서도 이상연소로 인한 디젤노크(diesel-knock)가 발생할 수 있는데 착화지연을 단축시켜 디젤노크를 방지하려면 연료의 세탄가를 올려 착화성을 좋게 하거나 흡입 공기의 온도를 높이는 수단을 강구해야 한다. 경유의 착화성은 일반적으로 세탄가로 평가된다. 세탄은 착화성이 좋은 표준연료로 세탄가 100, 그리고 α-메틸나프탈렌은 착화성이 나쁜 표준연료로 세탄가 0으로 하여 연료등급을 정한다. 고속 디젤엔진의 연료유로서는 세탄가 40 이상이 요구된다. 파라핀계 원유로부터 생산되는 경유는 세탄가가 보통 50~63으로 매우 높은 수준이어서 고속 디젤엔진용에 적합하다.

3) 중유

무거운 기름이라는 뜻의 중유는 원유 정제 시 약 40% 가장 많이 얻어지는 유분으로 무겁고 끈적끈적한 석유제품이다. 상압잔사유, 감압잔사유 등의 중질분과 원유증류장치나 접촉분해장치에서 만들어지는 경질분을 조합하여 만들어진다. '벙커유(bunker oil)'라는 이름은 선박이나 항구에서 연료용 석유제품을 저장하는 용기가 '벙커(bunker)'라는 것에 유래한다. 점도에 따라 가벼운 것에서 무거운 순서로 벙커 A, B, C유로 나눠 부른다.

벙커C유(bunker-C oil)는 증류잔사유(residual oils)를 주성분으로 하고 특히 화학적인 정제는 하지 않으므로 석유제품 중 품질면에서 가장 저급하다고 할 수 있다. 특히 벙커C유에는 다른 중유에 비해 황 성분이 많이 포함되어 있다. 중유의 탈황법에는 상압증류 잔사유를 직접 탈황장치를 통해 수소화 탈황하는 직접탈황법과 상압증류 잔사유를 감압증류 장치를 통해 그 유출유를 수소 탈황한 후, 그 탈황유와 다음에 분리된 감압증류 잔사유를 함께 황 분을 감소시키는 간접 탈황법이 있다.

벙커C유가 증류탑의 안에 있는 트레이를 흘러 내려올 때 뜨거운 스팀을 뿜어 벙커C층을 통과하게 하면 붙잡혀 있던 가벼운 탄화수소가 떨어져 나가 스팀과 함께 증류탑 윗부분으로 올라간다. 이 과정이 스트리핑(stripping)이다. 스트리핑은 벗겨 낸다는 뜻으로 일반 화학 공정에서는 스팀뿐만 아니라 다른 탄화수소 기체로도 할 수 있다. 그러나 정유 공장에서는 가장 값싸게 얻을 수 있고 후속 처리가 간단한 스팀을 사용한다.

벙커C유는 열 에너지원으로 중요한 역할을 하고 있다. 석탄의 발열량이 5,000～7,000 kcal/kg인데 비해 벙커C유의 발열량은 10,000～11,000 kcal/kg에 달한다. 즉, 일정 열량을 얻는 데 소요되는 연료의 양은 대체로 석유 : 석탄 = 1 : 1.75의 비율로 석유의 발열량이 높다. 또한 벙커C유는 석탄에 비하여 연소에 필요한 공기량이 적기 때문에 과잉 공기에 의한 열 손실이 적고, 연소의 조절이 쉬우며, 점화 및 소화가 간편하여 열의 이용도가 높다. 더욱이 수송, 하역, 저장이 간편하며 특정한 장소가 필요하지 않으며, 계량이 쉽고 타고 남은 재의 처리에 관한 문제가 없어 벙커C유는 대형 선박 엔진의 동력원, 보일러 연료 등의 열원으로 사용된다.

4) 아스팔트

석유, 석탄 또는 기타 유기물이 열 변화하여 생성될 수 있는 타르 상태 물질을 일반적으로 역청(bitumen)이라고 한다. 아스팔트(asphalt)란 이 역청을 주성분으로 하는 흑색 또는 흑갈색인 고체 또는 반고체의 가소성 물질로 원유를 증류할 때 얻어지는 잔류물이나 이와 유사한 성분으로 구성된 천연산의 것을 말한다. 아스팔트는 도로포장용이나 건축재료로 이용된다. 일반적으로 아스팔트라 하면 석유 공업에서 생산되는 석유 아스팔트(petroleum asphalt)를 말한다.

3 원유의 증류3: 윤활유와 첨가제

기계의 마찰 면에 생기는 마찰력을 줄이거나 마찰 면에서 발생하는 마찰열을 분산시킬 목적으로 윤활유가 사용된다. 이는 유상물질로, 주로 원유 증류 시 250~300℃에서 얻어진다. 기본적으로 필요한 성질은 사용온도에 적당한 점성(粘性)을 유지할 것, 안정한 유막을 형성할 것, 열과 산화에 대해 안정도가 높을 것 등이다.

기본적으로 윤활유에 요구되는 물성은 첫째, 사용온도에 적당한 점성(粘性)을 유지하는 동시에 사용온도가 변해도 급격히 점도가 변하지 않을 만큼 점성지수가 커야 한다. 둘째, 경계윤활 상태에서도 안정한 유막을 형성하는 성질이 좋아야 한다. 셋째, 열과 산화에 대해 안정도가 높아야 한다. 가장 대량으로 사용되는 석유계 윤활유 제조법에서 저점도 윤활유 원료는 끓는점이 약 300~600℃인 탄화수소가 사용된다. 석유계 윤활유는 원유의 상압증류와 진공 증류까지 거치고 남은 잔유분을 적당한 정제 처리를 한 후 최종 윤활유 제품으로 뽑아낸다. 윤활유는 일반 윤활유와 합성 윤활유로 분류되는데, 일반 윤활유는 중유(heavy residue)에 첨가제를 혼합하여 만들고, 합성 윤활유는 나프타 분해 유분들을 중합한 후 첨가제를 혼합하여 만든다. 합성 윤활유에는 올레핀 중합유, 다이에스터유, 폴리알킬렌글리콜유, 할로겐화탄화수소유 및 실리콘유 등이 있다. 주된 첨가제에는 점도지수 향상제, 유동점 강하제, 유성 향상제, 산화방지제, 슬러지 부착 방지제, 방청제, 소포제 및 에멀전화제 등이 있으며, 성능에는 관계없으나 색상 및 형광 개선제도 고급윤활유에 널리 혼합하여 사용된다. 윤활유를 용도별로 점도가 낮은 순서에 따라 열거하면 다음과 같다.

① 정밀기계유: 시계 · 계측기용

② 스핀들유: 방적기계의 고속회전부에 쓰이는 스핀들용

③ **다이너모유**: 모터 · 발전기용

④ **기계유**: 일반 기계의 베어링용

⑤ **터빈유**: 증기 터빈용

⑥ **컴프레서유**: 기체 압축기(air compressor)에 사용하는 실린더용

⑦ **모터유**: 모빌유라고도 하며 자동차 엔진 윤활용

⑧ **항공윤활유**: 항공기 피스톤 엔진용

⑨ **디젤 엔진유**: 저속 · 고속 디젤엔진, 가스엔진용으로 인화점이 높다

⑩ **머린 엔진유**: 기름 중에 바닷물이 들어갈 우려가 있는 선박용 기관의 고하중을 견디는 고점도 윤활유

⑪ **차축유**: 전차 등 큰 하중하에서 충격을 견디어 내는 유성이 뛰어난 고점도 윤활유

⑫ **실린더유**: 증기기관 내부용으로 가장 고점도 등

이 밖에 강철 담금유 · 금속 절삭유 · 금속 방청유 · 변압기유 등도 있다.

공업용 윤활유 첨가제에는 산화방지제, 유성향상제, 유동점강하제 등이 있다(표 8 참고).

표 8. 공업용 윤활유 첨가제의 종류 및 용도

명 칭	용 도
산화방지제	윤활유의 산화에 의한 열화를 방지
유성향상제	금속 면에 흡착막을 만들어 마찰 저하를 조장하고 유성을 향상
청정제	청정분산제라고 하고, 엔진을 윤활유에 첨가하여 슬러지의 첨착 방지
유동점강하제	냉각 또는 저온에서의 유동성의 유지
점도지수향상제	점도 지수를 향상하고, 온도에 의한 점도 변화를 억제
극압 첨가제	금속 면에 미끄러운 면을 형성시키고, 고압력 아래의 마찰에 견디는 윤활 성능 유지
소포제	윤활유의 발포를 억제하고, 성능저하 방지

정리

1. 원유의 증류로 생산한 LPG, 가솔린, 나프타의 종류와 특성에 대하여 알아보았다.
2. 등유, 경유, 중유, 윤활유, 아스팔트까지 원유 증류 생산품에 대하여 자세히 알아보았다.
3. 가솔린과 경유를 자동차나 항공기의 연료로 사용하려면 엔진에 무리를 주지 않으면 에너지 효율을 극대화하는 기술이 필요하다는 것도 알게 되었다.
4. 자동차용 휘발유는 가속될 때도 충분히 증발하여 실린더에 연료를 공급할 수 있도록 휘발성이 좋아야 한다. 그러면서 노킹을 일으키지 않아야 한다.
5. 휘발유 승용차는 안티노킹성이 우수한 옥탄가 높은 연료를 채택하게 사용하고, 디젤차는 디젤노크를 방지하려기 위해 연료의 세탄가를 40 이상인 것을 사용하여 착화성을 좋게 하여야 하며, 항공기는 자동차용 휘발유보다 더 높은 옥탄가 연료가 필요하다.
6. 항공연료는 등유와 휘발유의 중간적 존재의 것을 사용하고 제트연료는 나프타와 등유를 조합하여 만드는 것과 등유를 사용하는 방법이 있다.
7. 다양한 종류의 윤활제와 활용에 관하여 공부하였다.

읽을거리 석유와 제1차 세계대전

세계 원유시장에 '7공주(Seven Sisters)'라는 말이 있다. 석유의 생산과 공급 그리고 가격까지를 좌지우지하는 7개 석유회사 카르텔을 말하는데 엑손·모빌·셰브런·텍사코·걸프·로열더치쉘·BP가 여기에 속한다. 이들의 역사는 1928년으로 거슬러 올라간다. 중동의 유전이 속속 발견되면서 전 세계의 수많은 기업이 군침을 흘렸다. 새로운 기업들이 달려들자 기존에 중동을 장악하고 있던 대기업들이 서로 힘을 합쳐 보호 장막을 쳤다. 이것이 '아크나카리 협정(Achnacary Agreement)'이다. 세계 원유시장은 이들이 좌지우지했고, 여기에 국영 프랑스 석유회사 토탈을 추가하여 8개 메이저로 불리기도 했다.

BP(British Petroleum)는 1909년 출범한 앵글로-페르시안 오일 컴퍼니(APOC)가

그 모태이다. APOC는 당시 페르시아에서 발견된 원유를 생산하고 정제하기 위해 설립된 회사이다. 설립 주역은 윌리엄 녹스 다아시(William Knox D'Arcy)이다. 다아시는 1849년 영국에서 태어나 식민지 호주가 골드러시 열풍일 때 변호사 아버지를 따라 호주로 주소를 옮겼다. 이곳에서 계속 공부한 뒤 가업을 승계하여 변호사가 됐고 부동산 투자로 큰돈을 모았다. 당시 호주는 식민지 초기로 법과 제도가 정비되지 않았던 만큼 분쟁이 잦았고 그런 만큼 변호사의 일거리도 많았던 것으로 보인다. 1886년에는 호주 최대의 금광회사이던 마운트 모건 골드 마이닝(Mount Morgan Gold Mining)의 최대 주주가 됐다. 이 회사를 통해 뉴질랜드 금광 개발에까지 나서기도 했다.

그러던 중 다아시는 페르시아에 원유가 대규모로 묻혀있다는 소문을 접하게 된다. 원래 역사에 관심이 많았던 다이시는 평소부터 조르아스터교의 사제들이 바위에서 불기둥을 피워 올렸다는 사실을 알고 있었다. 성경 구약에서도 불기둥에 관한 언급은 자주 나온다. 그 소재가 원유라고 확신한 다아시는 원유를 찾기 위해 조로아스터교의 무대였던 페르시아로 향했다. 당시 페르시아 경제는 파탄 상태였다. 빚을 갚지 못해 국가 부도의 위기를 맞고 있었다. 다아시는 다급해진 페르시아를 상대로 큰 거래를 하였다. 당시 페르시아의 국왕이었던 무자파르 알딘은 페르시아에 철도를 세우고 싶어 했다고 한다. 다아시는 왕과 담판을 벌여 당시 돈으로 2만 파운드를 주고 채굴권을 손에 넣었다. 법률 전문가로서의 그의 지식과 능력을 활용해 무려 60년 동안 마음대로 채굴할 수 있는 권리를 확보한 것이다. 원유 수익의 16%만 페르시아 정부에 주고 나머지는 모두 가져가는 그야말로 일방적인 계약을 맺었다. 이 계약은 중동의 석유 재산이 대영제국으로 넘어가는 족쇄가 되었다. 아라비아 사람들이 두고두고 후회한 계약이다.

초기의 원유 탐사는 쉽지 않았다. 페르시아 전역을 뒤졌지만, 원유는 쉽사리 나오지 않았고, 다아시의 자금도 동이 났다. 그러나 다아시는 버마오일(Burmah Oil)이라는 회사를 끌어들여 탐사를 계속해 나갔다. 아무런 성과도 없는 탐사가 무려 8년씩이나 이어지자 버마오일도 포기하기로 했다고 한다. 그러고는 다아시에게 자금지원 중단을 통보하기에 이른다. 드라마틱하게도 이 편지가 도착하기

사흘 전에 원유가 터져 나왔다. 원유를 발견한 날은 1908년 5월 26일이었다. 지하 360 m로부터 원유가 쏟아져 나왔다. 중동지역을 통틀어 처음으로 원유가 나온 역사적 순간이다.

그곳의 지명은 '마스제드-솔레이만'으로, 오늘날 이란의 서남부 후제스탄 주에 속하는 유전지대이다. 지금도 이곳에는 다이시의 이름을 붙인 '다아시 유정'이 보존돼 있다. 유전을 관리하고 또 본격적으로 원유를 생산하기 위해 설립한 회사가 바로 BP의 전신인 APCO이다. 다아시는 이 회사를 완전히 장악하는 데에는 실패했고, 회사 상호에 자신의 이름을 넣는 것도 실패했다. 탐사 시추 과정에서 돈을 대주면서 지분을 나누어 가진 버마오일이 반대했기 때문이다. 원유의 중요성을 간파한 영국 해군도 특정인의 독점에 반대했다. 당시 해외 원유사업은 해군 도움 없이는 불가능했다. 어쩔 수 없이 최대 주주의 지위에 만족해야만 했다.

APCO는 1914년 결국 영국 정부 소유로 넘어간다. 다아시는 1914년 봄 제1차 세계대전의 발발을 앞두고 소유 주식을 매각하였는데, 독일과 치열한 군비경쟁에 돌입한 영국은 해군성으로 하여금 다아시의 지분을 매입하고 함정 연료를 석유로 전환하여 재래식 연료인 석탄을 사용하는 독일 해군 함정과 비교하여 월등한 우세를 차지할 수 있었다. 제1차 세계대전이 발발하자, 이란 석유의 안전 공급을 보장하려는 영국과 이를 봉쇄하려는 독일 간의 충돌이 불가피해졌다. 결과적으로 석유라는 신종 전략자원 때문에 유럽 국가 간의 전장이 중동지역까지 확대된 것이다.

이라크 석유개발사업에서 다아시를 앞세운 영국은 네델란드와 독일계 기업도 참여시켜 터키석유회사(Turkish petroleum company)를 설립하고 공동개발을 추진하였다. 제1차 세계대전의 승전국인 영국과 프랑스는 전후 처리의 일환으로 이라크와 시리아를 각각 나누어 분할 통치하기로 합의하였다. 1차 대전 후 영국은 패전국 독일로부터 접수한 당시 중동 석유의 대부분을 장악하고 있던 터키석유회사 TPC(후에 이라크 석유회사 IPC로 개칭)의 지분 25%를 프랑스에 넘겨주는 대신 프랑스 통치 지역인 시리아를 관통하는 송유관 설치를 양해받았다. 그러나 미국이 이를 가만히 보고만 있지 않았다. 미국은 중동 석유 이권에 대한 문호개방을 끈질기게 요구한 끝에 1928년 터키석유회사에 대한 경영 참여권을 획득하였다. 적선협정(Red Line Agreement)으로 불리는 새로운 합의에 의해 영국의 터키석유회사 지배는 끝이 나고 메이저들을 앞세운 영국·프랑스·미국 열강의 중동석유에 대한 배타적 균점 체제가 형성되었다. 그 후 석유 경쟁은 중동 전역으로 확대되었다. 활발한 유전 개발 활동 결과 1932년 바레인, 1938년 쿠웨이트와 사우디아라비아에서 각각 유전이 발견되었다.

※ 석유이야기(대한석유협회)와 아틀라스뉴스(석유의 역사, 2020.09.11.)에서 발췌.

연습문제

1 객관식 **원유의 증류에 대한 설명 중에서 잘못된 것은? (　　)**

① 원유를 증류하면 가장 낮은 온도인 25℃에서 LNG 가스가 분리되어 나온다.

② 원유를 증류하여 75~150℃에서 얻어지는 탄화수소류를 나프타(naphtha)라고 한다.

③ 휘발유의 물리적 성질은 상온·상압에서 증발하기 쉽고, 인화성이 매우 높다.

④ 원유 증류 시 가장 많이 생산되는 유분은 중유이다.

2 O, X 문제 **벙커C유(Bunker-C oil)는 증류잔사유(residual oils)를 주성분으로 선박용 연료로 많이 사용된다.**

(　　　)

3 주관식 **내연기관 엔진이 과열되거나 압축비가 커서 압축 혼합가스의 온도가 점화온도 이상으로 올라가면서 자기점화 되기 때문에 나타나는 이상현상을 무엇이라 하는가? (　　　　)**

4장

석유화학공업 3과 고분자화학 산업 1

3장에서는 정유산업의 산물인 석유화학 연료유들과 개질기술, 그리고 나프타 크래킹 공정과 그 화학에 대하여 알아보았다. 이 장에서는 나프타 크래킹으로 생산되는 석유화학 기초원료와 그 원료로 합성하는 고분자물질에 대하여 알아본다.

1 나프타 크래킹

연금술의 일환이었던 증류에 의해 석유가 증류탑 속에서 용도에 맞게 개발되기 시작하다가, 근대 정제법이 발명된 1920년 이후 본격적으로 석유산업이 발전되었다. 원유를 증류하면 LPG, 가솔린, 나프타, 등유, 경유, 윤활유, 중유, 아스팔트가 비점에 따라 차례차례 증류되어 분리된다. 나프타는 75℃에서 150℃ 사이에 증류되어 나오는 유분으로 경질 나프타는 비점 30～130℃, 비중 0.65～0.70이며, 중질나프타는 비점 90～170℃, 비중 0.70～0.75 정도이다. 이 나프타는 열분해 공정(thermal cracking process)를 통해 메탄, 에탄 등의 저분자량 기체류와 에틸렌, 프로필렌, C_4 탄화수소류 등 석유화학 공업 원료 물질로 분해된다(표 9).

표 9. 나프타 열분해 생성물 조성의 예

분해 생성물	조성(중량%)
수소	>1.0
메테인	14～16
에테인, 프로페인	8～10
에틸렌	20～25
아세틸렌	1.7
프로필렌	15～16
C_4 탄화수소(뷰틸렌류)	4～6
C_4 탄화수소(뷰타다이엔)	4～5
펜테인	4～5
분해 가솔린(bp 200℃ 이하)	18～20
중질유(bp 200～500℃)	3～5

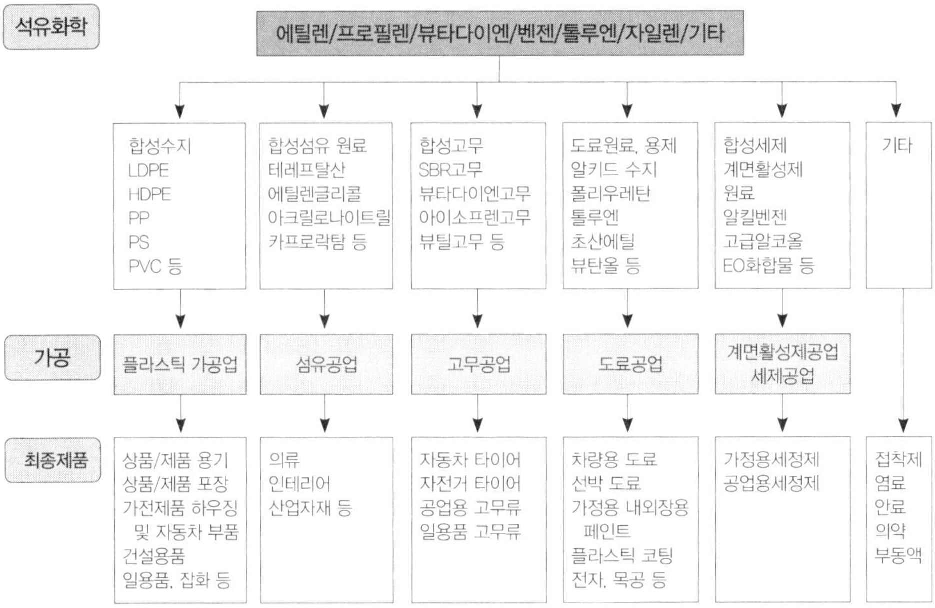

그림 4. 석유화학공업의 출발과 최종제품에 대한 개략도

그림 4에 나타낸 석유화학공업의 출발과 최종제품에 대한 개략도를 보면, 원유의 증류와 정제를 통해 에틸렌, 프로필렌, 뷰테인, 벤젠, 톨루엔, 자일렌과 같은 원료 물질이 만들어지면 이 원료들이 출발이 되어 플라스틱, 섬유, 고무, 도료, 계면활성제 등의 가공 기술 및 제품이 만들어지고 때로는 B2B, B2C의 소비재 상품으로 개발된다. 또 일상에서 사용하는 각종 플라스틱 용기, 자동차 내외장재, 건축 실내외 마감재 및 인테리어 제품, 생활용품이나 화장품 내용물 및 용기, 타이어 고무, 페인트, 접착 및 점착제, 식품이나 의약품까지 다양한 제품들이 개발되었다.

1) 에틸렌

에틸렌은 석유화학공업의 가장 기본적인 물질로서 유기화학공업에서 가장 중요한 물질이고 그 생산량이나 사용량은 그 나라의 화학 공업의 규모를 나타내는 척도라 할 수 있다. 무색의 가연성 기체로 공기와의 혼합물은 인화하면 폭발을 일으키기 쉬우니 취급 시 주의해야 한다. 이중 결합을 갖고 있기 때문에 반응성이 높으며 첨가 반응을 일으키기 쉬워서 산 촉매하에서 물을 첨가하면 에탄올로 합성되며, 산소와의 반응으로 아세트알데하이드 또는 산화 에틸렌으로 합성된다. 에틸렌의 가장 주된 용도는 에틸렌을 원료로 하여 많은 유용한 물질, 즉 합성섬유·합성수지·합성도료 등의 제조를 위한 중간체를 제조하는 데 있으며 석유화학공업의 바탕을 이룬다.

에틸렌은 분자식 CH_2=CH_2, C_2H_4로 가장 간단한 알켄으로 정식 명명법에 따르면 에텐(ethene)이지만 관용명인 에틸렌으로 더 많이 불린다. 에틸렌을 출발 물질로 여러 유도체가 합성되는데 첫째, 중합 시 LLDPE, LDPE, HDPE가 합성되고, 둘째, 염화 수소와 반응으로 PVC 고분자의 출발 모노머인 염화 바이닐(vinyl chloride)이 합성되고, 셋째, 산소 첨가로 에틸렌옥사이드가 만들어지는데 이 에틸렌옥사이드는 폴리에틸렌글리콜(PEG)의 출발 물질이다. 이 외에도 아크릴로나이트릴, 폴리스타이렌, 폴리바이닐알코올 합성의 출발 물질이 된다.

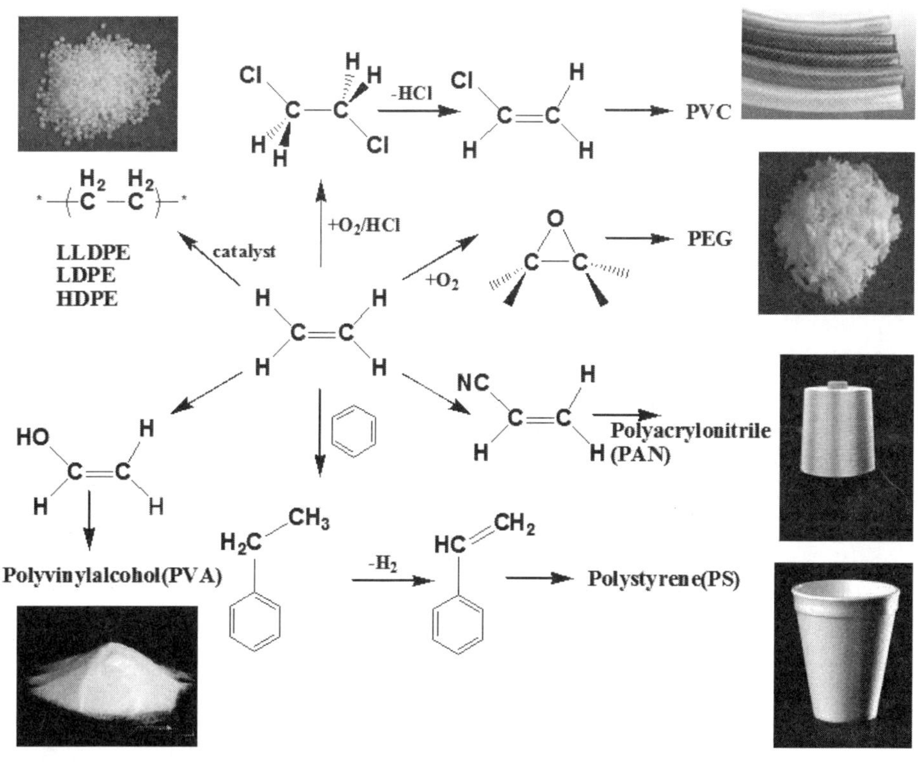

그림 5. 에틸렌을 출발 물질로 만들어진 여러 가지 유도체 산업

2) 프로필렌

프로필렌(propylene, $CH_3CH=CH_2$)은 프로펜(propene)이라고도 하며 상온에서는 무색무취의 기체이다. 기체 상태에서 밀도는 공기 평균 밀도의 약 1.5배에 해당하고 가연성이 있으며 발화점은 460℃로 폭발성을 가지기 때문에 취급에 특별히 주의가 요구된다. 프로필렌은 보통 두 가지 방법으로 만들어지는데, 휘발유를 만드는 크래킹 과정에서 부산물로 생성되거나 수증기 분해(steam cracking)로 에틸렌을 만드는 과정에서 부산물로 생성된다. 프로필렌은 에틸렌 다음으로 석유화학 산업에서 중요한 물질로 다양한 제품의 원재료가 된다. 가장 많이 쓰이는 곳은 열가소성 수지인 폴리프로필렌 제조로서, 전체 프로필렌 수요의 2/3를 차지한다. 비중은 0.92로서 현재 있는 플라스틱 중에 가장 가벼우며, 용해 온도도 135~160℃로 높고, 그 응용범위도 넓다. 그 밖에 아이소프로필알코올, 아크릴 섬유 원료인 아크릴로나이트릴, 폴리우레탄의 원료로 쓰이는 산화프로필렌, PVC 가소제로 사

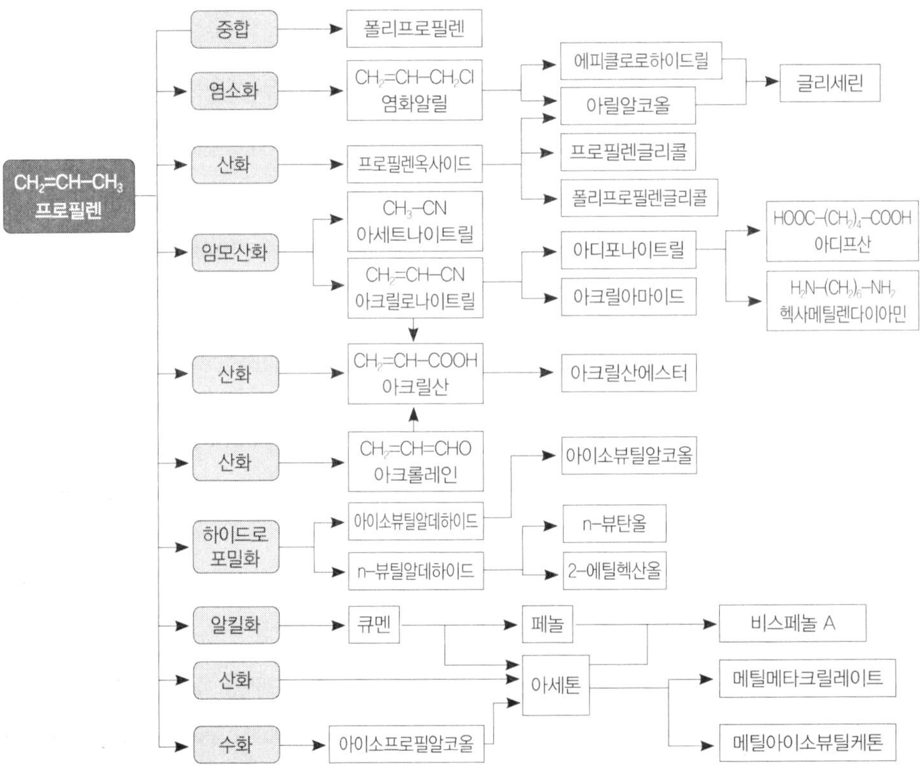

그림 6. 프로필렌을 출발 물질로 만들어진 여러 가지 유도체 산업

용되는 옥소알코올, 에폭시 수지와 폴리카보네이트의 원료인 큐멘, 용매로 사용되는 아이소프로필알코올 등을 만드는 데 사용된다.

폴리프로필렌은 폴리에틸렌과 같이 석유에서 얻어진 프로필렌을 지글러-나타 촉매로 중합시킨 것으로, 저압법 폴리에틸렌과 같은 방법으로 만들어진다. 폴리프로필렌은 폴리에틸렌 분자 사슬의 탄소에 하나 건너서 메틸기(CH_3)가 붙은 것이며, 규칙적으로 짧은 가지가 달린 형태를 하고 있다. 폴리프로필렌 필름은 폴리에틸렌 필름보다 투명도가 높고 약간 경질이다. 또 폴리프로필렌은 성형용으로도 많이 사용되며 병이나 용기 등으로 만들어진다.

3) C_4 올레핀

나프타의 분해로 얻은 C_4 유분을 증류하면 아이소뷰테인에서 2-뷰텐까지 다양한 C_4 화합물들이 분리된다. 프로필렌을 알루미나를 담체로 하는 WO_3, MoO_3 또는 Re_2O_7 촉매를 사용하여 400℃, 35기압에서 반응시키면 불균화 반응을 일으키고, 에틸렌, 프로필렌, 2-뷰텐의 평형 혼합물이 얻어진다. 이 반응을 메타세시스(metathesis)라 부르고, 올레핀 간의 수요와 공급 밸런스를 취할 목적으로 이용되고 있다.

천연고무는 남아메리카 아마존 유역에서 야생되는 고무나무 유액으로 만들며 영국에서 이를 이용하여 고무지우개를 만들면서 처음 사용되었다. 이후 동남아에서 고무나무 재배를 시도하여 현재 인도네시아와 말레이시아가 전 세계 천연고무 생산량의 90% 이상을 차지하고 있다. 제1차 세계대전 중 독일은 연합군에 의해 해상 봉쇄되었는데, 천연고무의 90% 이상이 동남아시아에서 생산되기 때문에 고무 자원이 부족하게 되었다. 그래서 1914년 다이메틸 뷰타다이엔을 원료로 한 메틸 고무를 제조하였다. 그러나 이 합성고무는 그다지 성능이 좋지 못해서 전쟁 후 새로이 뷰타다이엔을 원료로 하는 고무가 연구되었는데, 특히 뷰타다이엔과 스타이렌 및 뷰타다이엔과 아크릴로나이트릴의 혼성 중합체가 각각 뷰나 S, 뷰나 N이라는 이름으로 제조되었다.

한편, 미국에서는 윌리엄 캐러더스가 클로로프렌을 원료로 하는 합성고무를 발명하여 1932년 듀퐁사에서 듀프렌이라는 이름으로 제품화하였고, 같은 해에 유황 고무인 싸이오콜 고무가 제조되었다. 듀프렌은 네오프렌으로 이름이 변경되었는데, 스펀지 내부와 같이 미세한 공기구멍이 있는 고무 원단으로 천연고무에 비해 신축성이 뛰어나고 내마모성이 높아서 가방, 의류, 보호대 등 천연고무를 대신해서 다양한 용도로 사용하고 있는 최고의 히트상품이다. 네오프렌은 보온성도 뛰어나고 열에도 강해 체온을 유지하기 위해 많이 사용되었던 합성고무로 타이어에서 다양한 용도로 활용 범위가 넓어진 고무라고 할 수 있을 것이다.

표 10. 합성고무의 종류

종류	통칭, 약칭	상품명	비고
폴리뷰타다이엔	—	Buna 85, Buna 115, SKB	—
뷰타다이엔스타이렌고무	GR-S, SBR	Buna S, Hycar OS	결합 스티렌 함량 30% 내외
뷰타다이엔아크릴로나이트릴고무	GR-A, NBR, 나이트릴고무	Buna N, Chemigum, Hycar OR Neoprene	결합 아크릴로나이트릴 함량 30% 내외
폴리클로로프렌	GR-M	Ameripol, Coral	주로 시스-1, 4 첨가한 아이소프렌 중합체
폴리아이소프렌	IR	Hypalon	염소 함량 약 27%, 황 함량 약 1.5%
클로로설폰화폴리에틸렌	—		—
폴리아이소뷰틸렌	—	Oppanol, Vistanex	—
아이소뷰틸렌아이소프렌고무	GR-I, IIR 뷰틸고무	Butyl	결합 아이소프렌 함량 2~3%의 혼성 중합체
아크릴 고무	—	Hycar PA, Vyram	아크릴산 에틸을 주성분(95%)으로 하는 혼성 중합체
다황화계 합성 고무	GR-P	Thiokol	—
우레탄 고무	—	Chemigum SL, Vulcollan, Adiprene B	폴리에스터, 폴리에터의 다이아이소시아네이트 첨가 중합체
플루오린화 고무	—	KelFelastomer	트라이플루오로클로로에틸렌-플루오린화바이닐리덴 혼성 중합체
—	—	Poly-FBA	폴리과플루오로아크릴산뷰틸
—	—	Biton A	헥사플루오린화프로필렌-플루오린화바이닐리덴 혼성 중합체
실리콘 고무		Silastic	–

표 11. 합성고무 제품들의 물리화학적 특성

제품	유리 전이 온도 (℃)	고온 사용 한계 (℃)	인장 강도 (kg/cm²)	신장도(%)	경도	내오존성	내산성	내알칼리성	내유성
천연 고무	−67～−73	130	250～350	550～650	30～80	×	△	○	×
Buna 115	−46～−86	—	200	700	—	×	△	○	×
SBR	−52	140	170～280	500～650	15～90	×	×	○	×
Hycar OR 15	−26	170	280～320	450～650	15～100	×	△	○	○
Neoprene GN	−40	160	210～290	500～760	15～95	△	△	○	△
Ameripol SN	−70	—	210～290	550～690	30～80	×	—	○	×
Hypalon	−34	200	200	500	60～95	○	○	○	×
IIR	−79	150	170～210	650～950	15～90	○	△	○	×
Thiokol FA	−50～56	120	90～120	600～700	25～95	○	×	△	○
Chemigum SL	−35	120～ 185	250～260	570～770	—	○	×	×	○
Hycar PA	—	177	100～160	100～500	70～90	○	○	×	△
Kel F elastomer	—	200	120～250	300～550	40～78	○	○	○	○
Silastic	−113～−128	280	18～135	170～1225	45～85	○	△	△	×
Oppanol B	−65～−85	130	250～300	400～600	—	○	○	○	△

제2차 세계대전 중에는 캐나다가 미국의 협력으로 스타이렌 고무, 뷰틸 고무 제조를 시작했고, 소련에서도 알코올에서 얻은 뷰타다이엔을 원료로 하는 합성고무를 제조하였다. 이처럼 제1차 및 제2차 세계대전 때의 천연고무의 품귀와 20세기 초부터 자동차공업의 급속한 발전에 따른 타이어의 수요증대가 겹쳐서 합성고무 공업은 몇몇 나라에서 획기적인 발전을 이루었다. 그리고 제2차 세계대전 후 선진국에서는 천연고무만으로 고무의 전 수요를 감당할 수 없는 상태가 되고, 또 석유화학공업의 발달과 함께 값싼 원료를 다량으로 확보할 수 있게 되어 오늘날과 같은 합성고무 공업이 급속히 발전할 수 있었다.

합성고무는 천연고무 대체품으로서의 뷰타다이엔 스타이렌 고무와 천연고무보다 뛰어난 내유성, 내열화성, 내열성을 가진 합성고무인 네오프렌-뷰타다이엔 아크릴로나이트릴 고무 등의 2종류로 크게 나눌 수 있다. 네오프렌-뷰타다이엔 아크릴로나이트릴 고무는 천연고무가 갖지 않은 뛰어난 성질을 가졌지만, 저온 탄성, 가공성, 연신성, 인열강도 등의 물성에서는 천연고무보다 다소 약하다.

4) 방향족 탄화수소

방향족 탄화수소는 벤젠 고리, 즉 6개의 탄소 원자가 둥글게 결합한 고리를 가지는 탄화수소이다. 이 물질들이 발견했을 당시 냄새가 나는 특성이 있어서 방향족이라는 이름을 붙였다. 콜타르의 주성분으로 석유의 개질유 중에 많이 포함되

그림 7. 벤젠을 출발 물질로 만들어진 여러 가지 유도체

고 있다. 벤젠, 톨루엔, 자일렌을 BTX라 하는데 석유화학에서 매우 중요한 원료이다.

벤젠은 육각형의 탄소 원자 사이에 이중 결합과 단일결 합이 하나씩 걸려 있는 구조로 이중 결합의 위치가 특정한 한 탄소에 고정되어 있지 않은 공명 구조로 되어 있다. 수소 원자 1개가 메틸기로 치환될 경우 톨루엔이 되며, 수소 원자가 수산기(OH^-)로 치환되면 페놀이 된다. 페놀, 톨루엔, 자일렌, 아닐린 등이 벤젠의 유도체이다. 톨루엔에 메틸기가 하나 더 붙어 자일렌이 되는데 ortho, meta, para의 세종류의 이성질체가 존재한다.

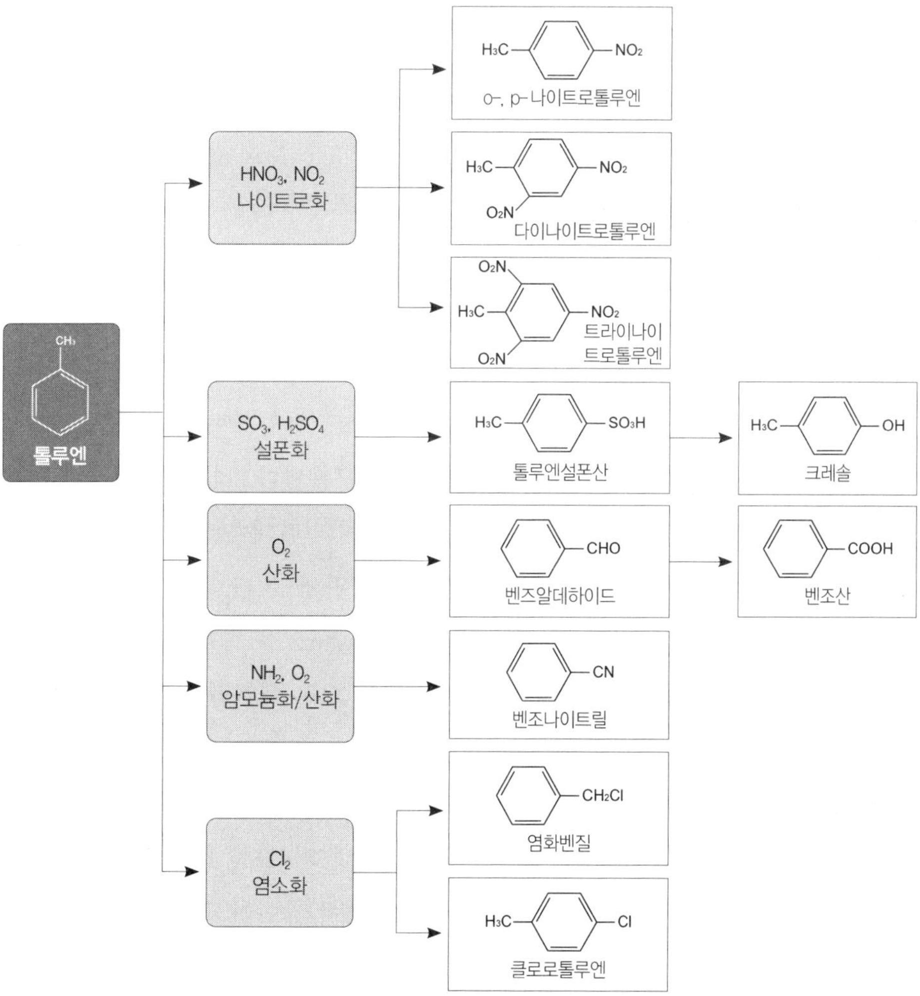

그림 8. 톨루엔을 출발 물질로 만들어진 여러 가지 유도체

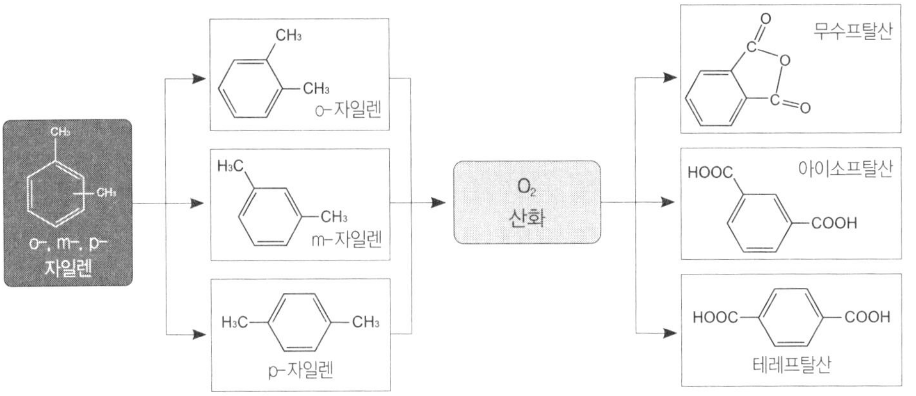

그림 9. 자일렌을 출발 물질로 만들어진 여러 가지 유도체

2 석유산업의 특징

지금까지 나프타 크래킹으로 생산되는 석유화학 기초 유분의 종류 및 반응에 대하여 알아보았다. 이제 석유산업의 특징에 대하여 간단히 알아보자.

석유산업이란 석유를 대상 제품이나 소재로 하는 산업을 말하며, 일반적으로 상류 부문(upstream)과 하류 부문(downstream)으로 구분된다. 석유화학에서 이야기하는 upstream은 원유의 탐사·시추·개발·생산까지의 단계를 말하며, downstream은 그 이후의 단계, 즉 원유 수송·정제·석유제품 판매·기타의 단계를 의미한다. 일반적으로 대규모 석유회사들은 upstream과 downstream을 함께 사업을 전개하고 있는데 이를 석유 사업의 수직 계열화라고 하며, 수직 계열화를 이룬 거대한 석유회사를 메이저 또는 국제석유자본이라고 부른다.

세계 석유시장을 점유해 온 엑손모빌, BP, 로열더치셸, 쉐브론 등 글로벌 메이저들은 오래전부터 석유를 넘어서 정밀화학, 생명공학, 농업 부문으로까지 그 사업영역을 확장하고 있다. 한편 원유의 개발·생산에 참여하지 않고 원유 정제·석유제품을 판매하는, 즉 downstream만의 사업을 정유산업이라고 하며, 이를 경영하는 회사를 정유회사라고 한다. 석유산업은 서로 관련된 여러 부문으로 구성되어 있기 때문에 제품 차원과 경영 차원에서 독특한 성격을 지니는데 첫째, 자본 집약적 장치산업이다. 석유가 필수전략 물자이므로 안정되게 확보되도록 하는 것이 중요하며 효율적인 생산·공급시설, 저공해 연료를 생산키 위한 환경시설 등도 포함되어 석유화학 콤비나트에는 수조 원에서 수십조 원이 투자된다고 한다. 둘째, 석유화학산업은 공익성이 높은 사업이다. 국가 경제 및 국민 생활에 필수적인 물자이므로 안정적인 공급이 최우선인 사업이다. 셋째, 다양한 석유 제품들이 함께 생산되는 연산 특성이 있다. 휘발유, 등유, 경유, 벙커C유, 나프타, LPG 등 14종류의 제품이 동시에 생산되므로 특정 유종만의 생산이나 감산이 불가능하며, 따라서 제품별 개별원가 산출이 불가능하다. 넷째, 원료비 비중이 큰 사업이다. 원유를 전량 수입에 의존하고, 원유비가 세전 공장도 가격의 80% 이상을 차지하므로, 원가 및 판매가격에서 정유사가 통제할 수 있는 부분은 오히려 적고 국제 유가에 민감하게 수익성이 좌우된다고 보아야 할 것이다.

우리나라의 석유화학은 5개 정제시설에서 하루 2,855만 배럴의 석유제품을 생산할 수 있는 능력을 보유하여 세계 6위권의 규모를 가지고 있다. 우리나라의 석유제품 수출은 총생산량의 절반이 넘으며 수출금액으로는 반도체, 자동차, 핸드폰, 선박과 더불어 5대 수출 품목에 해당한다. 석유 한 방울 안 나는 나라에서 석유산업이 수출산업으로 탈바꿈한 데에는 내수 침체와 만성적인 공급 과잉의 상황에서 수출증대를 통해 신규 수요를 창출한 정유산업의 경영전략이 주효했던 것으로 평가된다. 국내 정유사에는 SK에너지, GS칼텍스, S-OIL, 현대오일뱅크가 있다.

SK에너지는 1960년대 대한 석유공사와 메이저 석유회사 걸프의 합자로 시작해서 ㈜유공을 거쳐 SK에너지로 변천됐으며 전신이 경인에너지인 SK 인천정유를 합병하여 국내 가장 큰 정유회사이다.

GS칼텍스는 호남정유-칼텍스에서 GS그룹이 LG그룹에서 분리되면서 GS칼텍스로 사명을 변경하였다.

S-오일은 쌍용-이란 국영석유회사 합자회사에서 출발하여 사우디 국영석유회사인 아람코의 지분참여로 2000년 현재의 S-오일이 되었다.

현대오일뱅크는 극동 석유공업-쉘의 합작투자로 극동쉘석유에서 출발하여 쉘이 철수하자 현대가 50% 지분을 참여 후 극동정유의 지분까지 인수해 현대정유를 거쳐 오늘날 현대오일뱅크가 되었다.

3 고분자 중합 기초

나프타 크래킹으로 얻어진 석유화학 기초 유분으로 만든 고분자는 무엇이고 어떻게 합성하는지 고분자 중합 기초와 기본 용어를 알아보겠다.

고분자(高分子, polymer)는 단량체 분자들의 화학 반응을 통하여 규칙적인 반복 단위를 가진 긴 사슬로 이루어진 분자를 말하고, 그리스어의 many라는 의미의 *polus*와 parts라는 의미의 *meros*의 합성어로 거대분자(macromolecules)라고도 부른다. 고분자화학이란 분자량이 10,000 이상의 중합물에 대해서 합성과 중합반응의 연구 및 중합체의 구조와 특성에 관한 연구를 하는 학문이다.

고분자는 산출된 상태, 구조, 형태, 합성법, 재료의 성질 및 용도 등 여러 가지 관점에 따라 분류할 수 있다. 산출상태에 따라 천연 고분자, 재생·개질 천연 고분자, 그리고 합성 고분자로 분류된다. 합성 고분자는 석유 원료를 출발 물질로 만든 폴리에틸렌(polyethylene), 폴리스타이렌(polystyrene), PVC, 나일론 등이 있다. 구조와 형태에 따라 선형 고분자(linear polymer), 가지형 고분자(branched polymer), 가교 고분자(cross linked polymer), 그물형 고분자(network polymer)로 구분할 수 있다.

분자량이 작은 물질에서 거대한 물질로 되어가는 고분자화(polymerization)는 크게 2가지가 있다. 작은 물질들의 첨가 반응(addition reaction)이나 축합 반응(condensation reaction)을 통해서 거대분자가 된다. 첨가 반응이란 단량체(모노머, monomer)에 활성을 가진 라디칼(radical)이 만들어지도록 해서 이 라디칼이 한순간에 중합 반응을 일으켜 거대 분자화되는 반응이고, 축합 반응은 단량체에 두 개 이상의 작용기가 붙어있어 이들의 결합으로 중합이 이루어지는 반응을 말한다. 첨가 반응과 축합 반응과의 차이점은 첨가 반응은 중합 시 부산물이 생성되지 않지만, 축합 반응은 부산물이 생성되어 공정 중간에 이것을 제거해야 반응이 잘 진행된다.

올레핀 화합물은 이중 결합을 지니고 있어 적당한 촉매(개시제)를 사용하면 계속 연쇄적으로 첨가 반응을 일으켜 고분자를 형성한다. 이 과정에 라디칼 반응을 일으켜 중합되는 라디칼 중합법과 이온성 개시제와의 반응으로 촉발된 초기 반응이 올레핀의 이중 결합에 연쇄적으로 작용해 반응을 진행하는 이온 중합법이 있다.

1) 라디칼 중합

에틸렌 유도체인 염화 바이닐(vinyl halide CH_2=CH−X) 화합물은 라디칼 중합을 일으키는 모노머이다. 라디칼 중합은 공업적으로 가장 많이 사용하는 중합 반응이지만, 그 제조 프로세스는 중합계의 차이에 따라 벌크 중합(bulk polymerization), 용액 중합(solution polymerization), 현탁 중합(suspension polymerization), 유화 중합(emulsion polymerization)으로 구분된다.

벌크 중합은 액상의 단량체 자체에 라디칼 발생물을 가하는 방법은 가장 단순한 중합법이지만, 제어하기 힘들어 많이 사용되지는 않는다. 중합 반응은 발열 반응이며, 반응액의 점도는 중합과 함께 급격히 증가하므로 효과적인 반응열 제거는 더욱 어려워진다. 특히 온도가 증가함에 따라 반응 속도는 급격히 증가하므로, 국부적인 온도 상승은 '자동가속화' 반응을 유발할 수 있다. 이는 합성 고분자 물질의 균일성을 저하하는 원인이 된다. 따라서 벌크 중합은 반응열의 제거가 쉬운 소규모 제조 과정 혹은 실험실에서의 합성 과정 정도에만 사용된다. 아크릴 수지판 등의 제조에 이용된다.

용액 중합은 불활성 용매에 단량체를 희석시켜 중합하는 경우로 벌크 중합과는 달리 반응열 제어 문제가 발생하지 않는다. 보통 중합 속도나 중합도가 작고, 반응이 완료된 뒤 용매를 제거하는 것은 어려운 문제로 남게 된다. 접착제, 페인트에는 용매가 그대로 사용되므로 이런 경우 용액 중합이 유리한다. 또한 폴리바이닐아세테이트처럼 가수분해시켜 폴리바이닐알코올을 얻을 때도 용액 중합이 유용한 중합법이 된다.

현탁 중합은 교반기를 이용하여 단량체를 주로 물과 같은 용매에 분산시킨 상태에서 고분자를 제조하는 방법이다. 폴리바이닐알코올과 같은 수용성 안정제를 첨가하여 액체 방울의 지름이 약 100~500 μm인 단량체 현탁물을 얻어, 여기서 단량체들을 중합 반응시킨다. 단량체에 용해된 개시제(initiator)가 열분해되어 라디칼을 생성하고, 이것이 중합 반응을 시작하게 한다. 반응이 진행됨에 따라 액체 방울은 고체상 고분자로 바뀌며, 현탁액의 안정성을 유지하면 균일한 구슬상 고분자가 얻어진다. 액체가 반응이 진행되면 하얀 고분자 펄(pearl)이 형성되기 때문에 이 현탁 중합을 펄(pearl) 중합, 또는 비드(bead) 중합이라고도 부르기도 한다. 이 현탁 중합의 장점은 반응열 제거가 쉽다는 점이므로, PVC, PAN, PS, PMMA 등의 제조 산업에 유용하게 쓰이고 있다. 반면에 고무처럼 끈적끈적해지는 고분자는 입자들끼리 그리고 반응 장비에 들러붙기 때문에 현탁 중합법을 활용하기 어렵기에 용액 중합을 사용하는 것이 좋다.

넷째, 용액 중합은 서로 섞이지 않는 단량체와 용매가 사용되는 점은 현탁 중합과 유사하지만, 에멀션 중합에서는 단량체 방울이 0.05~10 μm에 불과하다. 물에 난용성인 단량체를 비누와 같은 유화제로 물에 용해시켜 수용성의 개시제에 의해 중합하는 방법으로 안정한 에멀션을 얻기 위해 비누나 합성세제와 같은 계면활성제를 첨가한다. 수용액에 존재하던 개시제는 라디칼로 분해되고 단량체를 함유한 계면활성제 마이셀(micelle) 속으로 들어가 중합을 일으킨다. 에멀션 중합 생성물인 라텍스는 비누 분자로 쌓여있어 서로 들러붙지 않으므로 네오프렌, SBR, 나이트릴 고무 등을 제조하는 데 유용하다.

라디칼 중합으로 고분자가 되어가는 과정은 개시 반응(initiation), 성장 반응(propagation), 종결 반응(terminatiom) 반응으로 진행된다. 개시 반응에서는 열이나 빛 등의 외부 자극에 쉽게 라디칼을 형성하는 물질인 개시제가 함께 사용되는데 게시제에는 AIBN, Azobisisobutyronitrile, Benzoyl peroxide 등이 있다.

성장 반응은 단량체 라디칼에서부터 새로운 단량체가 결합하면서 라디칼이 이전되며 고분자 사슬이 성장하는 과정이다. 종결 반응은 성장하는 자유 라디칼 간에 결합이 일어나 라디칼 이전과 사슬 성장이 멈추는 커플링 반응으로 고분자 반응이 끝나게 되는 반응이다.

2) 이온 중합

전자를 잡아당기는 힘이 큰 음전하 그룹(electronegative group)이 바이닐 그룹과 만나면 반응이 개시되며 반응점(reaction site)이 되어 카보음이온을 성장 활성 종으로 하는 연쇄반응이 일어나게 된다. 음이온 중합의 개시제는 모두 염기이지만 특히 강한 전자 흡인기(strong electron withdrawing group)를 가진 α-사이아노아크릴산 에스터는 약한 염기인 물에 의해서도 신속히 중합하여 이 특성을 충분히 발휘되는 순간접착제로 이용된다. 음이온 중합을 일으키는 반응 개시제로는 유기금속 화합물, 알킬 마그네슘 할라이드의 그리냐르(Grignard) 시약, 알킬화 알루미늄 등이 사용되는데, 지글러-나타 촉매를 사용할 때는 배위 음이온 중합이 진행된다.

양이온 중합 반응에서는 황산, $HClO_4$, BF_3, $AlCl_3$, $SnCl_4$ 등의 양이온 개시제에 의한 단량체가 양이온화되어 진행된다. 강하게 전자를 내놓는 그룹인 전자 주는기(electron donating group)를 사용하는 경우 양이온 중합이 반응이 진행되는데, 대표적인 양이온 중합반응에는 SBR 고무 합성 반응이 해당한다.

고분자 중합은 유기화학을 기반으로 한 응용 분야로 산업계에서 많은 기능성 고분자들의 개발로 이어졌는데 극한 조건에서도 내구성 및 안정성이 유지되는 고내열성, 고강도의 고분자들이 개발되어 내연기관과 자동차용 소재로 활용이 되면서 에너지 효율을 높일 수 있게 되었다. 또한 의료용 고분자물질 및 고강도 섬유의 개발에서 핸드폰 배터리에 들어가는 고분자 분리막에 이르기까지 우리 생활에서 이러한 특수기능의 고분자 화합물들이 다양하게 활용되고 있다. 가장 큰 비중을 차지하고 있는 고분자 산업은 석유화학 정제품으로부터 얻어지는 단위체와 유기 금속 화합물로 이루어진 다양한 촉매를 사용하여 고분자 화합물을 대량으로 공업적 생산을 하는 것이다. 또한 이렇게 합성된 고분자의 성능과 내구성을 높이기 위해 다양한 첨가제들이 사용되고 있는데 산화방지제(酸化防止劑, antioxidant) 및 가소제(可塑劑, plasticizer) 등의 기능성 유기화합물들을 첨가하여 고온·고압에서 압출 및 성형·가공하는 공정에서 고른 물성과 품질을 발휘할 수 있도록 한다. 최근에는 고부가가치의 필름 소재들이 고분자 산업에서 주목받고 있으며 대형 TV나 핸드폰 보호 필름으로 사용되고 있는 광학용 필름 및 전자정보 소재용 고기능 필름 등이 있다. 특히 광학용 보호 필름에는 광 보상 특성을 가질 수 있도록 해주는 특수 첨가제들이 혼합되어 제품화되고 있다. 고분자를 이루는 단위체로 사용되는 물질도 다양해졌으며 최근에는 이산화 탄소를 단위체로 이용하여 고분자를 대량 생산하는 기술들이 개발되어 환경적 이슈에 대응하고 있다. 고분자들의 생분해성(生分解性, biodegradability) 또한 중요한 물성으로 각광을 받고 있는데 이는 대량 생산으로 생겨난 각종 화학 부산물들이 지구환경을 오염시키고 있는 가운데 인류의 미래에 대한 경각심과 함께 조금이라도 이러한 오염원을 줄이고자 하는 노력의 소치라 할 수 있겠다.

고분자 화합물은 분자가 거대하여서 기체로서 존재하지 않으며, 고체 또는 액체로만 존재한다. 기계적 강도가 크며, 또 가열하면 고무 모양 탄성체가 되기도 하고, 어떤 용매에 녹으면 팽윤(膨潤)하든지 점착성을 띠는 용액이나 콜로이드용액이 되기도 한다. 이와 같아 저분자 화합물에서는 볼 수 없는 특이한 거동을 나타내는 특징을 가지고 있어서 이 고분자화학은 광범한 영역에 이르며, 고분자의 생성, 분해 반응, 화학 반응과 메커니즘, 고분자 구조 및 성질 등 공부할 분야가 많다고 할 수 있겠다. 고분자화학에서 사용되는 기본적 용어를 정리하면서 이 장을 마무리하도록 하겠다.

- **중합**: 동일 분자를 2개 이상 결합하여 분자량이 큰 화합물을 생성하는 반응을 말하며, 중합에 의하여 생성된 화합물을 중합체 또는 폴리머라고 한다.
- **가소제**: 성형(成形)이나 가공(加工)을 쉽게 하려고 플라스틱이나 합성고무에 보태는 물질로 성형 시 유연성이 좋아진다.
- **경화**: 재료에 가공이나 열처리하여 재료를 단단하게 만드는 일을 말한다.
- **단량체(모노머)**: 고분자 중합체의 원료가 되는 화합물을 말한다.
- **분자량**: 고분자는 중합도에 따라 분자량이 차이가 나서 분자량이 매우 큰 물질에서 작은 물질까지 혼합된 형태로 존재하므로 평균분자량이라 보면 되겠다.
- **생분해성**: 고분자가 미생물에 의해서 분해되는 성질을 말한다.
- **합성수지**: 석유나 천연가스, 석탄 등을 원료로 하여 만든 고분자 화합물을 통틀어 이르는 말이다. 열가소성 수지와 열경화성 수지로 분류할 수 있다.
- **내열성**: 높은 온도를 견디어 내는 성질로 플라스틱의 최대 약점이지만 내열성이 강한 플라스틱도 만들 수 있다.

- **콜로이드:** 한 물질이 다른 물질 속에 작은 알맹이 상태로(약 500 nm 이하의 지름으로) 분산된 것을 말한다. 특히 액체 속에 고체 또는 고체 속에 고체가 분산된 것을 졸이라고 하고 액체가 액체 속에 분산된 것은 에멀션이라고 한다.

정리

1. 나프타 크래킹으로 생산된 에틸렌, 프로필렌, C_4 올레핀을 활용하여 제조하는 석유화학 산업에 대하여 알아보았다.
2. 합성고무를 만드는 조건 등에 관하여 공부하였고 천연고무와의 차이를 알게 되었다.
3. 석유산업의 특징으로 자본 집약적 장치산업이고 공익성이 높은 사업이며 다양한 석유 제품들이 함께 생산되는 연산 특성이 있음을 알게 되었다. 또 석유화학 산업은 원료비 비중이 큰 사업임을 알게 되었다.
4. 고분자 중합 방법을 라디칼 중합과 이온중합으로 세분화하여 공부하였고 고분자화학에서 사용되는 기본적 용어를 정리하였다.

읽을거리 석유와 제2차 세계대전

제2차 세계대전을 맞아 중동의 석유는 더욱 절대적인 전략자원으로 평가됐다. 이미 석유가 석탄의 대체 연료로 자리 잡은 것이다. 제2차 세계대전도 결국은 '석유 전쟁'이었다. 영국-미국-프랑스-러시아를 중심으로 한 연합국이, 독일-이탈리아-일본이라는 추축국들이 대립하면서, 그 두 거대한 세력이 석유 한 방울이라도 더 많이 확보하기 위해 싸웠다. 나치 히틀러의 독일이 일본 제국주의 및 이탈리아 파시즘과 손을 잡고 위협적인 세력을 이루는 모습을 지켜보면서, 연합국은 1940년과 1941년 잇달아 이들 세 국가에 대한 석유 금수 조치를 선포했다. 전쟁으로 석유 수요가 크게 늘어나자, 히틀러는 카스피해와 코카서스 유전지대를 차지하려고 소련을 침공했다. '사막의 여우' 롬멜 장군을 북아프리카로 보낸

것도 그곳 유전지대를 장악하려는 속셈에서였다. 아프리카 북부의 롬멜 전차군단은 독일군이 자랑하는 정예부대였지만, 결국에는 연료 부족으로 탱크를 제대로 움직이지 못하는 바람에 궤멸당하고 말았다. 군사(軍史) 전문가들은 "제2차 세계대전의 승패는 석유가 결정했다"라고 말한다.

일본의 진주만 공습(1941년)도 석유와 관련이 깊다. 1937년 중일전쟁이 터진 뒤로 일본이 중국 본토를 차츰 점령해 들어가자, 미국은 일본의 야심이 중국은 물론 동남아까지 뻗치고 있다고 판단했다. 전쟁을 치르면서 ABCD 포위망[America–Britain(영국령 말레이)–China–Dutch(네덜란드령 동인도)]이 형성되고 미국은 일본에 대한 석유 수출금지를 단행했다. 당시 일본은 석유를 거의 수입에 의존하지 않으면 안 될 정도로 부족했다. 석유 수입의 90%를 미국에 의존하던 일본이(미국은 일본으로부터 금을 석유 수출의 대금으로 받았는데, 그것들은 일제시대 때 한반도에서 수탈한 금덩이들이었다), 1941년 미국의 일본에 대한 석유 금수 조치에 반발해 침략전쟁을 그만두는 것보다 미국과의 진주만을 기습을 통한 전쟁을 선택한 것이다. 일본의 전쟁 지도부는 미국의 석유 금수 조치로 일본 해군의 군함들이 움직일 수 없게 된다고 판단, 대안으로 네덜란드 식민지로서 석유가 풍부한 인도네시아를 점령하길 원했고, 그 목표를 이루는 데 걸림돌이 되는 미국 태평양 함대를 기습공격으로 궤멸시켜야 한다는 결론에 따라 진주만 공습을 결행한 것이었다. 미드웨이해전(1942년)에서 일본군을 격파한 미군은 일본행 유조선을 공격 목표로 삼았고, 그 결과 일본은 심각한 석유 부족에 시달렸다. 1945년 초 석유 공급은 거의 끊겨 버렸고, 기름이 떨어진 일본군은 군사작전다운 작전을 펼 엄두도 못 냈다. "일본은 두 발의 원자폭탄을 맞고 항복했지만, 실제적인 패망 원인은 안전한 석유 수송로를 잃은 데서 비롯됐다"라고 해도 틀린 말이 아니다.

※ 석유이야기(대한석유협회)와 아틀라스뉴스(석유의 역사, 2020.09.11.)에서 발췌.

연습문제

1 객관식 **석유화학산업에 대한 특징에서 잘못 설명된 것은? (   )**

① 석유화학산업은 자본 집약적 장치산업이다.

② 석유화학산업은 공익성이 높은 사업이다.

③ 석유화학산업은 원료비 비중이 큰 사업으로 규모의 사업이다.

④ 석유화학산업은 국제적으로 가격이 폭등하는 휘발유 부분의 생산을 늘리고 폭락하는 LPG 생산량을 줄여 생산할 수 있는 유연한 사업구조를 지니고 있다.

2 O, X 문제 **천연고무를 대체할 수 있는 대표적인 합성고무 중 2종류는 뷰타다이엔 스타이렌 고무과 네오프렌-뷰타다이엔 아크릴로나이트릴 고무이다.**

(   )

3 주관식 **물을 첨가하면 에탄올로 합성되고 산소와 반응하면 아세트알데하이드 또는 산화 에틸렌으로 합성되고 염화 수소와 반응하여 염화바이닐 모노머를 만드는 석유화학공업의 가장 기본적인 물질은 무엇인가? (   )**

5장

고분자화학 산업 2

5장의 주제는 고분자 산업의 꽃인 열가소성 플라스틱과 열경화성 플라스틱을 중심으로 하는 다양한 재질의 고분자 화합물과 그 응용이다. 먼저 열가소성 플라스틱의 종류 및 특성에 대하여 알아보자.

1 열가소성 플라스틱

열가소성 플라스틱은 열에너지를 가하여 분자 사슬이 유동성을 갖도록 한 후 금형에 사출하거나 일정한 단면적을 가진 다이(die)를 통해 압출한 후 냉각시켜 경화시킨 플라스틱을 말하며 가열, 성형공정 중 고분자의 화학적 변화 없이 물리적 변화만 수반되는 재료를 말한다. 쉽게 말하면 열을 가하면 연화되어 용융이 일어나 녹고, 온도를 충분히 낮추면 고체 상태로 되돌아가는 고분자를 말한다. 석유화학 산업의 기초 유분으로 합성한 폴리에틸렌(PE), 폴리프로필렌(PP), 폴리염화바이닐(PVC), 폴리스타이렌(PS)의 4가지 수지에 아크릴로나이트릴-뷰타다이엔-스타이렌 공중합체(ABS)나 폴리메틸메타크릴레이트(PMMA)를 넣어서 5대 범용수지라고 하는데 이들의 열에 대한 물성이 열가소성을 보인다.

열가소성 플라스틱은 가열하면 열운동이 왕성해져 말랑말랑해지면서 부드럽고 끈적끈적한 액체가 되고 계속 열을 가하면 각 분자가 기화되기 시작하지만, 고분자량이기 때문에 기화가 되려면 상당한 고온이 되어야 한다. 더욱더 강하게 가열하면 탄소와 수소로 되어 있는 중합체의 열분해가 일어나므로 끈적끈적한 액체 정도까지만 가열시켜 성형하면 원하는 형태의 모형의 제품이 만들어진다. 여기에서 고분자 물질이 온도에 의해 분자들이 활성을 가지며 움직이기 시작하는 시점 온도를 유리 전이온도(Tg)라고 한다.

플라스틱은 석유를 고도의 정제과정을 이용한 산물이라고도 할 수 있다. 원유 증류 시 얻은 나프타가 석유화학 공장에 보내져 플라스틱의 원료로 사용된다. 석유화학 공장에서는 나프타를 나프타 분해 장치라고 하는 용광로 안에서 가열하여 분해해서 간단한 구조의 물질로 바꾸고 물질에 따라 나누어 뽑아낸다. 이러한 과정을 통해 만들어진 것이 에틸렌, 프로필렌, 뷰틸렌 등의 물질이며, 이들이 합성수지의 원료가 된다.

1) 폴리에틸렌

폴리에틸렌(PE: Polyethylene)은 유백색, 불투명 또는 반투명으로 분말 또는 입상으로 제조된다. 1933년 영국의 ICI사에서 에틸렌을 중합하여 생산하는 고압법으로 개발되었고 1940년 미국에서 고압 중합에 따른 공업화 기술로 확립되었다. 폴리에틸렌은 중합 시의 압력 차이에 따라 성질이 달라진다. 고압법, 중압법, 저압법과 같이 제조하는 방법에 따라 분류할 수 있지만 합성된 고분자의 밀도 차이에 따라 저밀도(0.910~0.925), 중밀도(0.926~0.940), 고밀도(0.941~0.965)로 분류된다. 폴리프로필렌 등과 일괄하여 폴리올레핀이라고도 불린다.

고밀도폴리에틸렌(HDPE: High Density Polyethylene)은 반투명 고체로서 분말 또는 입상으로 밀도가 0.94 이상으로써 강성이 좋다. 융점이 130~134℃로 압출, 사출, 중공, 필름 등의 가공 방법으로 상자, 팔레트, 장난감, 주방용품, 필름, 필름 상품, 포장용, 쇼핑백, 산업용 파이프, 화장품 및 세제 용기, 우유병, 막걸리병, 자동차 연료탱크, 식용유 용기, 로프, 어망, 테이프 제조에 활용되고 있다. 국내 생산업체로는 대한유화, 호남석유화학-롯데케미칼, 대림산업, 삼성종합화학, 현대석유화학, SK케미칼, LG석유화학 등이 있다.

저밀도 폴리에틸렌(LDPE: Low Density Polyethylene)도 투명 고체로써 분말 또는 입상으로 비중이 0.910~0.925로 융점은 110℃ 정도이다. 필름 가공용으로 약 50% 사용되고 정밀공업 사출 부품, 하우스용 필름, 공업용 필름, 전선 피복, 일반포장 필름, 파이프 이음관, 용기류 생산에 활용되고 있다. 국내 생산업체로는 LG화학, 삼성종합화학, 한화석유화학, 현대석유화학 등이 있다.

선형저밀도 폴리에틸렌(LLDPE: Liner Low Density Polyethylene)도 투명 고체로써 분말 또는 입상으로 비중은 0.926~0.940이고 융점은 118~125℃이다. 내충격성, 내열성 등이 우수하여 필름 가공용으로 약 75% 사용되어 포장용, 식품 용기, 캡, 전선 피복, 파이프, 공업 부품 등 생산에 활용되고 있다. 국내 생산업체로는 SK케미칼, 삼성종합화학, 한화석유화학, 현대석유화학 등이 있다.

2) 폴리프로필렌

폴리프로필렌(PP: Polypropylene)은 프로필렌을 지글러-나타 촉매를 활용하여 아이소택틱 구조로 중합하여 만드는데, 인장 강도가 우수하며, 압축, 충격강도가 양호하고 표면강도가 높다. 밀도가 0.9~0.91이고 융점은 160~170℃이다. 내열성이 높고, 유동성이 좋으며 내열, 내약품성이 양호하여 필름용(IPP, CPP, OPP 등의 필름), 각종 포장재, 증착 필름, 연신 필름, 가전 부품 및 자동차 내외장재, 일회용 주사기, 주방용품, 각종 포대, 끈, 어망, 로프, 양념병, 배터리 케이스 등에 활용된다. 국내 생산업체로는 대한유화, 삼성종합화학, SK케미칼, GS칼텍스, 현대석유화학, 효성, 롯데케미칼 등이 있다.

3) 폴리염화바이닐

폴리염화바이닐(PVC: Poly vinylchloride)은 무색무취의 고분자 물질로 전기적 차단 성질이 좋으며 내약품성이 우수하다. 자외선에 의해 분해되므로 반드시 안정제가 첨가되어야 한다. 1912년 독일 Grieheim-electron 사에서 발견하여 1931년 독일에서 최초의 상업화가 이루어졌으며, 1933년 미국에서는 B. F. Goodrich 사에 의해 대량 생산되었다. 에틸렌과 염소를 50~90℃, 0.7 atm 조건에서 촉매 존재 하에 반응시켜 에틸렌 다이클로라이드를 합성하고 분해하여 염화바이닐 모노머(VCM)를 제조한 후 이를 중합하여 PVC를 생산한다. PVC는 120~150℃에서 가소성을 갖고 170℃에서 용융하므로 이 온도 이하에서 성형하여 필름류(포장재, 농업용), 사출품(기계, 전기부품, 잡화 및 이음관) 압출용(파이프, 전선용 튜브, 바닥재, 창틀), 진공용 용기, 가구용, 의류 잡화용 캘린더링 제품을 생산한다. 190℃ 이상에서는 염산을 방출하며 분해된다. 국내 생산업체로는 LG화학, 한화석유화학 등이 있다.

4) 폴리스타이렌

폴리스타이렌(PS: Polystyrene)은 무미, 무취, 무독성으로 내수성이 높고 투명도와 치수안정성이 좋으나 내충격성이 약하다. 스타이렌 모노머를 중합시킬 때 합성고무 또는 고무라텍스를 첨가하면 내충격성이 개량되어 성형성, 내약품성은 우수하나 투명성이 나빠진다. 1930년경 독일에서 벤젠과 에틸렌으로부터 에틸벤젠을 만들고 이를 탈수소화해서 스타이렌 모노머를 만든 다음 이것을 중합하여 제조하였다. 이어서 1937년 미국에서 공업화되었지만, 본격적인 발전은 제2차 세계대전 후인 1946년부터 이루어졌다. 사출용은 전기, 전자 부품, 문구, 완구, 건축재, 포장 용기로 압출용은 포장재, 건축재, 단열재로 활용되며 국내생산업체로는 LG화학, 금호석유화학, 동부한농화학, 제일모직, 한국바스프, 신화 유화 등이 있다.

발포 폴리스타이렌은 흔히 스티로폼이라고 통칭하는데, 체적의 98%는 공기이며 나머지 2%는 폴리스타이렌 수지로 구성된다. 따라서 다량의 작은 공기층으로 구성되어 있으며 물을 거의 흡수하지 않고 세균이나 곰팡이에 손상되지 않아 포장에 많이 사용된다. 아이스박스, 장난감, 부표 등에 사용되고 있다. 열 차단성이 우수하여 단열제품에도 많이 사용되며 스티로폼보다 가공, 제작이 더 쉬운 발포 우레탄도 많이 쓰인다.

5) 폴리스타이렌 공중합체

폴리스타이렌 공중합체인 ABS(Acrylonitrile Butadiene Styrene)는 강하고 단단한 고분자 소재이다. 자연색은 엷은 상아색을 띠지만 어떤 색으로 착색할 수 있으며, 광택이 있는 성형품에 유리한다. 1947년 Rubber 사에 의해 개발되었고 1954년 Marbon Chem사에 의해 제조 판매되었다. 뷰타다이엔과 아크릴로나이트릴(AN), 스타이렌(SM)을 중합하여 제조한다. ABS 1톤 생산 시 SM 0.7톤, 뷰타다이엔 및 AN 각각 0.15톤씩 소요된다. ABS 성형기의 성형설정 온도는 후부 150~180℃, 중간 180~260℃, 전부 218~280℃, 노즐 210~280℃로 작동하며, 전기, 전자제품, 자동차 내외장재, 가구, 악기, 잡화 등에 활용된다. 국내 생산업체로는 LG화학, 금호석유화학, 제일모직, 한국바스프 등이 있다.

6) 스타이렌 아크릴로나이트릴 공중합체

스타이렌 아크릴로나이트릴 공중합체(SAN: Styrene Acrylonitrile)도 투명성, 내열성이 우수하여 소비량의 급격히 신장하고 있는 소재이다. 주로 가전제품, 자동차, 포장, 건축, 의료 기계 등에 사용되고 있다. SAN은 아크릴로나이트릴에 의해 0.3～0.6%의 수분을 함유하고 있어, 폴리스타이렌에 비해 흡수성이 높아서 습도가 낮은 장소에 보관하여야 한다. 열풍 순환식 건조기(Hopper Dryer)에서 80℃～85℃에서 2～4시간 건조하여 사용하는 것이 바람직하며 장시간 건조 시 황색으로 변하는 것에 주의하여야 한다. SAN은 메타크릴계 수지에 비해 유동성이 좋으나 폴리스타이렌에 비해 유동성이 대등하거나 다소 나빠서 실린더 온도, 가출압력, 금형 온도 등의 성형조건에 주의해야 한다. 일반적으로 실린더 온도 200～220℃이고 최고 260℃까지 가능하나 실린더 온도가 너무 높게 되면 변색 문제가 생긴다. 주요 용도는 가습기 물통, Mixer Cap, 문구류 볼펜, 선풍기 날개, 식기 건조기 커버 등의 제조이다.

7) 메타크릴수지

메타크릴수지(PMMA: Polymethylmetacrylate)는 메타크릴산 에스터 폴리머의 총칭이며 일반적으로 메타크릴산 메타(MMA)을 주성분으로 하는 비결정성 플라스틱을 말한다. 투명 플라스틱 중에서 가장 투명도가 좋고 가시광선 영역(420～750 nm) 광선 투과율은 두께 3 mm로 약 93% 정도이다. 메타크릴수지는 모노머로 사용되는 경우와 폴리머로써 사용되는 경우가 있다. 모노머는 도료용, 지류 개질용, 염화바이닐수지 개질제, 인공대리석 등에 사용되며 고분자는 투명성이 좋아 차량용 미등, 햇빛 가리개, 메타커버 등에 사용되고, 전기 공업용으로 프린터 커버, 명판, 렌즈 등에 활용되며, 용기류, 선글라스, 수조, 시계 등에 사용된다.

8) 폴리에틸렌 테레프탈레이트

폴리에틸렌 테레프탈레이트(PET: Polyethylene telephtalate)는 테레프탈산과 에틸렌글리콜을 중합하여 얻어지는 포화 폴리에스터이다. 내열성, 내약품성, 전기적 성질, 역학적 성질이 우수하여서 섬유, 필름, 시트 등에 널리 사용된다. 성형 온도는 240～270℃이고 50%가 섬유용이며 비섬유용으로는 각종 플라스틱병(bottle), 필름 등에 활용된다. 플라스틱병 보틀용은 청량음료, 생수, 간장, 세제, 샴푸 등의 용기로 활용되고, 사출용은 가전, 전자, 자동차, 드라이어, 다리미, 전기밥솥 등에 활용되며, 진공성형 하는 트레이는 투명성이 좋아 모양이나 색상 구분이 쉽다는 장점이 있다.

2 열경화성 플라스틱

열경화성 수지는 열을 가하면 우선 유동하지만, 다음에 3차원적으로 가지구조가 생성되면서 경화한다. 열경화성 플라스틱의 성형재료는 비교적 저분자량이며 가열에 의해 유동성 혹은 가소성을 나타내지만 첨가하는 경화제, 촉매, 가교 반응에 따라 이음매 구조의 3차원 구조가 되면 재가열해도 연화하지 않는다. 이음매 구조가 치열할수록 내열성, 내용제성이 향상된다. 열경화성 플라스틱은 경도가 높아 기계적 성질이나 전기적 성질이 뛰어나므로 공업재료나 식기 등으로 폭넓게 사용되고 있다. 열경화성 플라스틱은 여러 종류가 있으며 많이 알려진 열경화성 수지로는 페놀수지, 우레아수지, 불포화 폴리에스테르수지, 폴리우레탄, 알키드 수지, 멜라민수지, 에폭시수지, 규소수지 등이 있다.

1) 페놀수지

1872년 독일의 바이엘(Bayer)사가 페놀과 폼알데하이드를 반응시켜 수지 상태의 페놀수지(PF: Phenol, 석탄산수지)를 만들었으며, 1909년 미국의 베이크랜드(Leo Hendrik Bakeland)가 제조 특허를 내고 공업화에 성공하였다. 일명 베이클라이트라고 불리는 페놀수지는 플라스틱 중에서 가장 역사가 깊은 수지로 내열성, 치수안정성, 가공성 등이 우수하고 가격 면에서도 유리하여 전기 절연물, 공업 부품, 일용품 등에 폭넓게 사용되며 현재에도 각종 산업 분야에서 기초자재로 중요한 위치를 점유하고 있다.

알칼리 촉매하에서 페놀과 과량의 폼알데하이드를 반응시키면 물엿 상태의 수지가 생기는데 이것을 레졸(resol)이라고 부르며 이것을 가열하면 레지톨(resitol)이라고 하는 약한 고체가 되는데 계속 가열하면 열경화되어 레지트(resite)라고 불리는 수지가 된다. 산을 촉매로 하여 과잉의 페놀과 폼알데하이드를 반응시키면 노볼락(novolac) 수지가 생산된다. 페놀 대신에 알킬페놀(alkyl phenol)을 사용하면 알코올 페놀수지, 크레솔(cresol)을 사용하면 크레솔수지라고 한다.

2) 불포화 폴리에스터

불포화 폴리에스터(UP: Unsaturated Polyester resin)는 비교적 저점도의 액상 수지로 사용법에 따라서는 실온에서도 경화된다. 경화 시 다른 열경화 수지와 같은 기체가 부생성되지 않으므로, 성형 시 거의 압력을 가하지 않아도 되며, 이 때문에 유리섬유에 함침시켜 대량의 성형품을 만드는 데 용이하여 강화 플라스틱용 수지로 발전했다. 폴리에스터는 일반적으로 액상 그대로 성형가공에 사용되는데 경화 촉매, 유리섬유, 기타 충전제, 활제 등을 배합한 성형재료와 배합조성을 변화시키는 것에 의해 일반계, 아이소프탈산계, 비스페놀A계로 나눌 수 있다. 주요 용도로는 건축 자재 분야(물탱크, 욕조, 방수벽, 세면대 및 화장대, 정화조, 간이화장실 등), 공업용 자재 분야(약품 탱크, 파이프, 굴뚝, 헬멧, 형광등 안정기 등), 수송 기기 분야(어선, 요트, 차체, 의자, 연료 탱크 등)에 활용되고 있다.

3) 우레아수지

우레아수지(UF: Urea-Formaldehyde, 요소수지)는 1920년경 이미 공업적인 연구가 진행되었으며, Urea-Formaldehyde를 반응시켜 합성한 무색투명의 열경화성 수지이다. 우레아수지는 착색이 자유롭고 접착강도가 크며 경화가 빠르고 가격이 저렴하여 생산량의 80% 이상이 합판용 접착제로 사용된다. 이 밖에도 화장품 용기, 단추, 식기류, 조명 기구, 라디오 캐비닛, 전기부품, 바니쉬, 페인트 등으로 사용되고 있다.

4) 멜라민수지

멜라민수지(MF: Melamine Formaldehyde)는 1983년 스위스의 Chiba 사에서 개발되었는데 결정성 백색 분말의 멜라민(melamine)과 폼알데하이드(formaldehyde)를 염기성 촉매 존재하에 반응시킨 무색투명의 열경화성 수지이다. 비중이 1.48 정도이며 충전재에 의해 2.0 정도까지 가능하고 표면 경도가 현재 생산되고 있는 합성수지 중 가장 단단하다. 주로 식기류, 커피잔, 일용품, 전기부품, 도료, 적층판 등으로 사용되고 있다.

5) 에폭시수지

에폭시(EP: Epoxy)수지는 분자 중에 에폭시기를 가진 수지의 총칭으로 많은 종류가 있지만, 비스페놀 A와 에피클로로하이드린의 축합 때문에 얻어진 에폭시수지가 많이 사용되고 있다. 에폭시수지는 도료, 접착제와 같이 성형가공을 해야 하지 않는 것이 많이 사용되지만, 주형품, 적층품, 성형품도 사용된다. 성형은 분말의 에폭시 수지 성형재료로 압축성형 트랜스퍼 성형으로 실시한다. 전기적 성질이 우수하고, 내열성, 방한성, 역학적 성질이 좋으며 경화할 때 물 이외의 부생성물이 없고 치수안정성이 좋다. 내수성, 내습성이 좋고, 금속 목재, 시멘트, 플라스틱과의 접착성이 좋다. 주요 용도로는 전기 회로용 적층 판 봉지재, 변압기, 애자, 절연 개폐기 등의 주형제품, 피스톤링, 도어록 패킹, 밸브리프터 등의 자동차 부품이나 복사기 부품, 프린터 베어링 등의 사무용기기, 그리고 기타 화학 플랜트의 보호도장이나 콘크리트 구조물의 보수보강 등에 활용된다.

6) 폴리우레탄

폴리우레탄(PU: Polyurethane)은 1937년 독일의 Q. Bayer에 의해 개발되어 1940년대에 공업화가 되기 시작하였다. 탄성, 강인성이 풍부하고 인열강도가 크고 내마모성이나 내노화성, 내유, 내용제성이 우수하고 저온 특성도 우수하다. 그러나 가수분해가 쉽고, 산 알칼리에 비교적 약하며, 일부의 수지를 제외하고 열이나 빛의 작용으로 황변화하는 결점이 있다. 주로 발포시킨 발포 폴리우레탄은 연질은 쿠션제, 테트리스나 시트, 흡음재, 에어필터로 활용되고, 경질은 방음과 장식을 겸비한 건축재료, 건축재, 항공기, 선박 등에 활용되고 있다. 탄성, 진동 흡수성, 내마모성, 내유 내용제성, 내노화성이 우수하고, 저온 특성, 인열강도 등에서도 물성이 좋아 활용 용도 범위가 넓다. 타이어 프레임, 구두 밑창, 합성피혁, 도료, 스판덱스 섬유, 우레탄 타일 등에 주로 사용되고 합성피혁은 천연피혁과 유사한 특성을 보여준다.

7) 실리콘 수지

실리콘(Silicone) 수지는 실리콘 고무, 실리콘 발포체, 실리콘유 등으로 활용된다. 중합으로 생성된 고무에 충전제, 기타 첨가제를 혼합해서 고무 컴파운드를 만들고 이것을 가압, 가열하면 좋은 탄성을 보유하고 전기적 성질이 뛰어난 실리콘 고무를 만들 수 있다. 실리콘 수지는 항공기 산업에 대량으로 이용되고 수혈관 등에도 사용되고 있다.

3 플라스틱 가공 방법

플라스틱을 가공하는 방법은 다양하며, 여기에서는 압출, 사출, 중공성형, 캘린더 성형, FRP 성형의 다섯 가지에 대해 소개한다.

1) 압출

플라스틱 가공 방법을 이해하기 쉽도록 우리 주변에서 흔히 접하는 가공 기술에 빗대볼 수 있다. 먼저 떡 방앗간에서 가래떡을 뽑는 방식을 압출(extrusion)이라고 한다. 열가소성 수지를 실린더에 넣고 가열 용융시켜 스크류(screw)를 이용해 연속적으로 다이(die)로부터 압출하여 성형하는 방법을 말하며 이러한 기계를 압출기(押出機: extruder)라고 한다. 파이프(pipe), 시트(sheet), 필름(film), 전선 피복, 이형품, 펠렛(pellet) 등이 압출기에 의해 생산된다. 실린더에는 열을 가하는 히터가 붙어있어 고체인 원자재를 용융시켜 부드럽게 해준다. 스크류는 1축과 2축 두 가지가 있는데 2축 스크류에는 물림형, 빗물형, 동방향 회전형, 이방향 회전형 등이 있으며 제품 생산 목적과 특성에 맞도록 각각 다르게 사용된다. 압출기를 베이스로 하여 여러 가지 용도에 맞는 성형 방법이 적용되며 다음과 같이 세분할 수 있다.

적용되는 제품에 따른 압출 성형 방법

① 시트, 필름, 튜브 생산을 위한 인플레이션 압출

② 시트, 필름 생산을 위한 T 다이 압출

③ 파이프, 튜브, 이형품 압출

④ 둥근 봉 압출

⑤ 모노 필라멘트 압출

⑥ 전선 피복 압출

⑦ 연신 성형법

⑧ 압출코팅

⑨ 발포성형 압출

용융된 원료를 원형 고리 모양의 다이로부터 원통 형태로 압출되고 부드럽게 용융되어 긴 원통형의 형물 내에 공기를 넣어 팽창시키면서 냉각시켜 필름을 만드는 방법을 인플레이션 방법 또는 튜브 방법이라고 하는데 이는 풍선을 팽창시킨 것과 비슷하다. 용융체를 위로 배출하는 것과 옆이나 아래로 배출하는 방법이 있으며 냉각시키는 방법도 수냉식과 공랭식 방법이 있다. 물로 냉각시키면 투명성이 향상되며 특히 PP는 냉각 속도에 의해 결정구조가 변화되기 때문에 수냉법에 의해 투명성과 강도, 인장력이 있는 필름을 만들 수 있다. 또한 2대 이상의 압출기에서 하나의 다이 내로 압출해 다층구조의 인플레이션 필름을 만들 수도 있는데 식품 포장 등에 널리 사용되고 있다.

2) 사출

우리 주변에서 흔히 접하는 또 다른 가공 방법에는 붕어빵을 만드는 기술이 있다. 모형 틀에 밀가루 반죽이나 재료를 넣고 열을 가열하여 익힌 다음 모형이 완성되면 이를 빼내어 식히거나 건조하면 붕어빵이 되는 것처럼 사출기라고 하는 금형 틀에 원료를 주사기처럼 쏘아서 성형하는 방법으로 사출성형(injection molding)이라고 한다. 사출성형의 성형 방법은 열가소성 수지와 열경화성 수지 모두에서 가능하다. 열가소성 사출성형의 원리적인 과정을 보면 원료 투입구인 호퍼에서 자동으로 낙하하는 원료(pellet)는 실린더 내부의 스크류를 회전시켜 전방으로 보내며, 실린더 히터에서의 열과 스크류 회전에 의한 마찰열로 용융되면서 스크류 앞쪽으로 밀려 쌓이게 된다. 용융 수지가 쌓이면 이를 스크류로 고속, 고압으로 사출하여 금형의 공간(cavity)에 충전시키면 캐비티 내부에서 가압, 냉각, 고화되면서 성형품이 만들어진다. 사출성형기에는 플랜저 사출성형기, 스크류 예비가소식 사출성형기, 인라인 스크류식 사출성형기, 벤트식 사출성형기 등의 유형이 있다. 사출성형기는 동력장치(기계식, 공압식, 유압식, 전동기식), 가소화장치(히터, 스크류), 형체 장치(직압식, 토글식), 계측·제어장치로 구성되어 있으며 이러한 장치들이 결합하여 다양한 형식의 사출성형기가 만들어진다.

3) 중공성형

압출기로부터 성형재료를 튜브 상으로 압출하고 이것을 곧바로 금형에 끼워 내부에 공기를 불어 넣어 속이 빈 중공품을 성형하는 방법을 중공성형(blow molding)이라고 한다. 바람을 불어넣기 때문에 블로우(blow)라는 영어가 쓰여 블로우성형이라고도 한다. 중공성형 방법으로는 압출식 블로우성형, 사출식 블로우성형, 다층식 블로우성형, 연신 블로우성형이 있다. 병, 통과 같은 용기를 생산하는 방법이었으나 최근 들어 자동차를 비롯 OA기기, 가구, 레저용품 등에도 블로우성형이 적용되는 등 급속한 발전을 보이고 있다.

4) 캘린더 성형

캘린더 성형(calendering)법도 필름을 만들 때 널리 사용되고 있다. PVC, ABS 등의 수지를 열 롤에서 일정한 두께로 연속 압연(壓延)하여 필름, 시트, 레저, 벽지, 바닥재 등을 만드는 방법을 캘린더 성형이라 한다. 일반적으로 2~4개의 열 롤을 조합한 것으로 롤을 배열하는 형식에 따라 여러 종류가 있다. 형식에는 역 L형과 Z형이 가장 많이 사용되고 있으며 캘린더 롤은 4개뿐 아니라 많은 롤을 다양하게 배치할 수 있다. 압연으로 성형 중인 시트에 천을 압착하면 인공피혁인 레저를 만들 수 있으며 시트 표면에 모양을 넣을 때는 그 모양을 미리 파놓은 엠

보싱 롤을 시트 면에 눌러 붙여두면 된다. 캘린더 가공에는 롤 이외에 롤의 증기 가열을 위한 보일러 설비, 재료배합을 위한 장치, 예비 가열을 위한 장치, 인취장치 등 필름이나 시트 설비보다 많은 설비비용이 들지만 생산 능력이 크다는 장점이 있다.

5) FRP 성형

FRP 성형(fiber glass reinforced plastics molding)이라는 방법이 있는데 강화 플라스틱(FRP)은 유리섬유를 보강재로 쓴 플라스틱으로 폴리에스터(ploy ester), 에폭시(epoxy), 페놀(phenol) 등의 수지가 다른 플라스틱 성형품에 비해 강도가 매우 높고 충격 흡수 에너지가 큰 것이 장점이다. FRP 성형에는 핸드레이업 방법, 스프레이업 방법, 필라멘트 와인딩 방법, 인출성형법, SMC 성형법, BMC 성형법, 레진 트랜스퍼 성형법 등이 있다. 그중 하나인 핸드레이업 방법은 형틀에 겔코트(수지에 충전제, 안료를 가한 것)를 분무해서 초기 경화시킨 후 유리섬유를 그 위에 두고, 경화제를 첨가한 수지를 인쇄물 또는 롤에 합침, 탈포하면서 적층 후 경화시키는 방법이다. 겔 코트 된 금형에 로딩을 절단한 짧은 유리섬유와 경화제를 첨가한 수지를 스프레이로 붙여 유리 섬유층을 형성한다. 롤로 합침, 탈포를 하여 경화한다.

정리

1. 열가소성 고분자와 열경화성 고분자의 종류별 특성과 제조 방법에 관하여 공부하였다.
2. 석유화학 산업의 기초 유분으로 합성한 폴리에틸렌(PE), 폴리프로필렌(PP), 폴리염화바이닐(PVC), 폴리스타이렌(PS)의 4가지 수지에 아크릴로나이트릴-뷰타다이엔-스타이렌 공중합체(ABS)나 폴리메틸메타크릴레이트(PMMA)를 넣어서 5대 범용수지라고 한다. 이들의 열에 대한 물성이 열가소성을 보여 성형 특성에 대하여 배웠다.
3. 열가소성 수지의 국내 생산업체와 응용제품들에 대하여 알아보았다.
4. 열경화성 수지의 종류별 특성에 대하여 배웠고 압출, 사출, 캘린더성형 등과 같은 고분자 가공 기술에 대하여 배웠다.

읽을거리 석유, 악마의 배설물

우리는 흔히 산유국을 조상이 터를 잘 잡아 마르지 않는 돈방석에 사는 나라라고 부러운 눈으로 본다. 그러나 전 베네수엘라 석유장관 후안 파블로 페레스 알폰소는 '검은 황금' 석유를 '악마의 배설물(Devil's excrement)'이라고 표현했다. 석유 판매로 인한 국가 수입이 늘어나면 정부는 복지 지출 등을 위해 방만하게 재정을 운영하게 되어 이러한 수입이 국가 재정의 경직성을 높이고 건실한 경제발전의 걸림돌이 될 수 있다고 경고했다. 오일 머니로 쉽게 돈을 벌면 부(富)는 귀족들이나 부자들에게 집중되고 국민들은 무지하고 가난한 이중구조로 되고 만다. 그게 자원의 저주이다. 그나마 부의 일부를 국민들에게 나누어주어 복지 지출을 키우면 국민들의 씀씀이만 커진다. 결국 유가가 하락하면 국민들은 지출을 줄여야 하지만 국민은 허리띠를 조르는 법을 몰라서 결국 경제는 파국을 맞는다. 이런 연유로 알폰소 석유장관은 석유수출국기구(OPEC) 창설 후 "석유는 악마의 배설물"이라며 "10년 또는 20년 후에는 우리는 석유 때문에 망하는 꼴을 보게 될 것"이라고 걱정한 것이다.

오늘날 베네수엘라의 현실을 보자. 막강한 산유국이지만 급격한 인플레이션으로 인해 경제파국을 맞이했다. 1960년대 네덜란드는 북해에서 대규모 유전을 발견하여 원유 가격이 상승에 따라 막대한 수입을 올렸지만, 시간이 지나면서 물가가 올라 1969년에는 물가가 오르는 만큼 임금을 올려주는 연동제를 도입하였다. 그 이후 통화가치 급등과 물가 상승, 급격한 임금 상승 및 석유제품을 제외한 제조업 경쟁력 약화와 경제적 침체를 차례차례 경험하였다.

소련의 경우 특히 경제는 석유에 대한 의존도가 높았다. 70년대 오일쇼크에 이어 80년대 초 이란 혁명의 여파로 유가는 크게 뛰어올랐다. 그 덕분에 소련은 횡재를 만났다. 석유만 수출하면 달러화가 쏟아져 들어왔기에 목에 힘을 줬다. 부자가 쇼핑하듯 식량을 비롯한 생필품을 사들였다. 엄청난 석유 판매 수입은 소련의 경제적 호황을 가져 왔다. 오일 머니 덕분에 미국과 팽팽한 군비 경쟁을 벌이는 것도 가능했다. 굳이 머리 아프게 계획경제 개선 방안을 고민할 필요도 없었다고 한다. 체제 개혁 노력은 뒷전으로 밀려버렸다.

고르바초프가 소련의 대통령이 된 1990년 이후에는 상황이 달라졌다. 이전의 전임자들은 경제를 개혁하거나 외교정책을 수정하지 않고도 기존 체제를 유지할 수 있다고 믿었다. 석유만 팔면 모든 게 해결된다고 생각했다. 유가가 하락할 것이라고 상상조차 하지 못했다. 소련 역시 자원의 저주에 빠진 것이다. 석유 자원에 지나치게 의존하면서 경제구조는 크게 왜곡됐다. 석유 판매 수입에 취해 장기적인 경제발전은 외면했다. 1980년대 말부터 소련 정부와 공산당 문서에서 '위기'라는 단어가 등장하고, 얼마 지나지 않아 '위기'는 '심각한 위기'로 대체됐고, 곧 '재앙'이라는 표현으로 바뀌었다. 식량을 비롯한 주요 생필품이 바닥을 드러냈다. 상트페테르부르크에서는 분유가 동나 젖먹이를 둔 부모들이 발을 동동 굴렀다. 소련은 빠른 속도로 침몰했다. 결국 고르바초프는 집권 2년만인 1991년 12월 25일 국영 TV를 통해 소비에트 사회주의 연방공화국의 해체를 선언했다.

최근 유가 하락으로 브라질은 9년 만에, 인도네시아는 16년 만에 자국 화폐 가치가 최저치를 기록했다. 지나치게 석유에 의존하는 경제구조의 국가는 유가 하락이 재정 악화로 직접적으로 악화하는 큰 피해를 보고 있다. 러시아는 수출의 70%, 베네수엘라와 나이지리아도 수출의 95%가 원유이다. 과연 원유는 악마의 배설물인가, 아니면 축복인가?

연습문제

1 객관식 **다음 고분자 수지 중에서 열적 특성이 다른 것은 무엇인가? ( )**

① PS (Polystyrene)

② PMMA (Polymethylmetacrylate)

③ MF (Melamine formaldehyde)

④ PVC (Poly vinylchloride)

2 O, X 문제 멜라민수지는 멜라민과 포름알데하이드를 염기성 촉매 존재 하에서 반응시킨 무색투명의 열경화성 수지로 표면 경도가 높은 고분자이다.

(   )

3 주관식 자동차 헤드라이트 램프 커버를 플라스틱으로 만들려고 한다. 어떤 플라스틱을 사용해야 하는지 추천해 보라. (   )

6장

유지 및 계면활성제 산업

지구상에서 구할 수 있는 기름에는 석유, 석탄과 같은 화석 자원에서 얻는 기름도 있고, 생명체인 동식물로부터 얻는 기름도 있다. 5장까지는 화석연료인 석유를 공부했다. 6장에서는 천연기름인 유지와 그 유지를 출발 물질로 시작된 계면활성제 산업을 주제로 공부한다. 먼저 동·식물로부터 직접 얻게 되는 기름인 유지에 관한 내용으로 시작해보자.

1 유지 산업

유지(fat and oil)는 지방(fat)과 기름(oil)의 합성어로 주로 석유가 아닌 동물이나 식물로부터 직접 얻게 되는 천연기름이다. 상온에서 고체상이면 지방, 액체상이면 기름으로 구분한다. 유지는 석유, 석탄 기름이 아닌 천연 탄화 수소화합물이라고 보면 된다. 지질(脂質)로 생체에 함유되어 있으므로 생체 내에서의 유지에 관한 화학적 탐구도 유지 화학의 범주에 속한다. 유지의 지방산 성분 및 구조, 그리고 자동산화·수소화·가수분해 등의 화학 작용, 생체 내의 생화학적 지질 역할 등에 관해서는 종래의 유지 관련 습식분석법으로 어느 정도 파악되었는데, 근래에는 IR과 UV−VIS spectroscopy, NMR, ESR spectroscopy, GC 및 HPLC 등의 새로운 분석 기술의 발전에 따라 한층 상세하게 해명되고 있다.

유지합성 분야와 분석법의 발달로 생선 기름 속 고도불포화지방산의 자동산화 및 수소화 반응에 대해서도 상세하게 파악되었다. 불포화지방산이 자동산화되면 하이드로−과산화물(hydro peroxide)이 우선 생성되는데, 그 이성질체를 포함한 자세한 구조가 파악됨과 동시에, 고도불포화지방산의 자동산화 시 생성되는 불안정한 다이하이드로−과산화물(dihydroperoxide)도 분석되었다. 수소화 반응에서 트랜스이성질체가 생성되지 않는 새로운 방법도 가능해졌다. 종래의 불균일계 유지 가수분해반응이 기름과 물의 계면에서의 반응으로 알려졌었는데, 기름층(油層)과 물 층(水層)에서의 반응도 관여한다는 것이 확인되었다. 생체 내에서도 지질의 자동산화반응이 일어나는데, 동맥경화증 혈관이나 암 조직 중에 과산화 지방의 존재가 발견되어 과산화지질이 노화와 성인병 발생의 주원인이 된다는 주

표 12. 지방산의 종류별 구조식과 녹는점 비교

지방산 (common name)	구조식	탄소수: 이중결합수	녹는점 (℃)
Caprylic acid	$CH_3(CH_2)_6COOH$	8:0	16.7
Capric acid	$CH_3(CH_2)_8COOH$	10:0	31.5
Lauric acid	$CH_3(CH_2)_{10}COOH$	12:0	44
Myristic acid	$CH_3(CH_2)_{12}COOH$	14:0	54
Myristoleic acid	$CH_3(CH_2)_3CH{=}CH(CH_2)_7COOH$	14:1	−4.5
Palmitic acid	$CH_3(CH_2)_{14}COOH$	16:0	62.5
Palmitoleic acid	$CH_3(CH_2)_5CH{=}CH(CH_2)_7COOH$	16:1	−0.1
Sapienic acid	$CH_3(CH_2)_8CH{=}CH(CH_2)_4COOH$	16:1	−
Stearic acid	$CH_3(CH_2)_{16}COOH$	18:0	70
Oleic acid	cis−$CH_3(CH_2)_7CH{=}CH(CH_2)_7COOH$	18:1	14
Elaidic acid	trans−$CH_3(CH_2)_7CH{=}CH(CH_2)_7COOH$	18:1	16.3
Vaccenic acid	trans−$CH_3(CH_2)_5CH{=}CH(CH_2)_9COOH$	18:1	44
Linoleic acid	$CH_3(CH_2)_4CH{=}CHCH_2CH{=}CH(CH_2)_7COOH$	18:2	−9.5
Linoelaidic acid	trans, trans− $CH_3(CH_2)_4CH{=}CHCH{-}_2CH{=}CH(CH_2)_7COOH$	18:2	−5
α−Linolenic acid	$CH_3CH_2CH{=}CHCH_2CH{=}CHCH_2CH{=}CH(CH_2)_7COOH$	18:3	−10.6
Ricinoleic acid	cis−$CH_3(CH_2)_5CH(OH)CH_2CH{=}CH(CH_2)_7COOH$	18:1(OH)	5.5
Eleostearic acid	trans, trans, cis−$CH_3CH_2CH{=}CHCH_2CH{=}CHCH{-}_2CH{=}CH(CH_2)_7COOH$	18:3	48
Arachidic acid	$CH_3(CH_2)_{18}COOH$	20:0	76
Arachidonic acid	$CH_3(CH_2)_4CH{=}CHCH_2CH{=}CHCH_2CH{=}CH{-}CH{-}_2CH{=}CH(CH_2)_3COOH$	20:4	−49
Eicosapentaenoic acid	$CH_3CH_2CH{=}CHCH_2CH{=}CHCH_2CH{=}CH{-}CH_2CH{=}CH{-}CH_2CH{=}CH(CH_2)_3COOH$	20:5	−54
Behenic acid	$CH_3(CH_2)_{20}COOH$	22:0	80
Erucic acid	$CH_3(CH_2)_7CH{=}CH(CH_2)_{11}COOH$	22:1	34
Docosahexaenoic acid	$CH_3CH_2CH{=}CHCH_2CH{=}CHCH_2CH{=}CH{-}CH_2CH{=}CH{-}CH_2CH{=}CHCH_2CH{=}CH(CH_2)_2COOH$	22:6	−44
Lignoceric acid	$CH_3(CH_2)_{22}COOH$	24:0	84.2
Cerotic acid	$CH_3(CH_2)_{24}COOH$	26:0	87.7

※ trans− 표시가 없으면 모두 cis− type

장도 제기되었다.

유지는 일부의 것을 제외하고 주성분은 사슬 길이가 긴 지방산(fatty acid)과 글리세린(glycerine)의 트라이글리세라이드 에스터(triglyceride) 형태로 존재한다. 동물이나 식물의 유지에는 트라이글리세라이드를 구성하는 세 개의 지방산에 각기 탄소수와 불포화도(이중결합수)를 달리하여 존재함으로써 전혀 다른 물성을 보여주고 있다. 동물 및 식물성 유지에는 일반적으로 트라이글리세라이드 이외에 레시틴과 같은 인지질(phospholipid) 화합물이나 천연 비타민류 및 항산화제 등이 포함되어 있다. 트라이글리세라이드를 구성하는 각종 지방산에는 탄소수 8개의 카프릴산(caprylic acid)에서부터 탄소수 22개 베헨산(behenic acid)이나 24개의 리그노세르산(lignoceric acid), 심지어 26개의 세로트산(cerotic acid)까지 짝수 탄소의 물질들만이 동식물유에 존재한다.

식물에서 얻은 유지는 건성유, 반건성유, 불건성유로 구분되는데 건성유는 불

표 13. 식물성 유지

분류	유지명	아이오딘값	주성분(%)		
건성유	아마인유	68～190	올레산(20～35)	리놀산(5～20)	리놀렌산(30～58)
	잇꽃유	122～150	팔미트산(4～8)	올레산(8～25)	리놀산(9～11)
	대두유	114～138	팔미트산(5～12)	올레산(20～35)	리놀산(9～11)
	오동나무유	155～175	올레산(4～16)	리놀산(9～11)	에레모스테아르산(77～82)
반건성유	참기름	103～118	팔미트산(7～12)	올레산(35～46)	리놀산(35～48)
	유채유	94～107	올레산(10～35)	리놀산(10～20)	에르신산(35～48)
	유채유(신종)	110～126	올레산(60)	리놀산(20)	리놀렌산(9)
	쌀겨유	99～108	팔미트산(13～18)	올레산(40～50)	리놀산(29～42)
	면실유	88～121	팔미트산(20～30)	올레산(15～30)	리놀산(40～52)
불건성유	올리브유	75～90	팔미트산(7～15)	올레산(70～85)	리놀산(4～12)
	피마자유	81～91	올레산(7～9)	리놀산(3～4)	리놀렌산(80～87)
	낙화생유	82～109	팔미트산(6～13)	올레산(35～70)	리놀산(20～40)
	팜유	43～60	팔미트산(35～48)	올레산(37～50)	리놀산(7～11)
	야자유	7～16	카프린산(4～12)	로르산(45～52)	미리스틴산(15～22)

표 14. 동물성 유지

분류	유지명	아이오딘값	주성분(%)		
육지산	돼지기름	46∼70	팔미트산(24∼33)	스테아르산(8∼12)	올레산(40∼60)
	소기름	25∼60	팔미트산(24∼35)	스테아르산(14∼30)	올레산(39∼50)
	양기름	31∼47	팔미트산(31∼47)	스테아르산(31)	올레산(36)
해양산	큰고래기름	107∼110	C_{14}, C_{16}의 포화산(∼25), C_{16}, C_{18}의 모노엔산(주성분)		
	향유고래뇌기름	71∼74	C_{10}∼C_{18}의 포화산, C_{12}∼C_{20}의 모노엔산, 불검화물(39)		
	향유고래가죽기름	82	C_{12}∼C_{16}의 포화산, C_{14}∼C_{18}의 모노엔산, 불검화물(36)		
	정어리유	165∼190	C_{18}∼C_{22}의 고도 불포화산(∼70)		
	대구의 간유	170∼182	C_{16}∼C_{20}의 고도 불포화산(∼80)		

포화도가 높은 지방산을 함유하여 공기 중에 노출되면 산소와 반응하여 수지 형태로 굳어 버리는 성질을 가진 식물성 기름으로 들기름, 오동유(梧桐油), 아마인유, 콩기름 등이 있다. 불건성유는 불포화지방산의 함유량이 적기 때문에 공기 중에 놓아두어도 산화되거나 굳어지거나 엷은 막을 형성하지 않는, 아이오딘값(iodine value)이 낮은 기름으로 식물유로 올리브유, 동백기름, 땅콩기름, 피마자유, 팜유, 야자유 등이 해당한다. 중간 특성의 반건성유는 공기 속에서 서서히 산화하여 점성(粘性)이 증가하지만, 건조 상태로까지는 되지 않는 지방유로 참기름, 유채유, 쌀겨유나 면실유가 해당한다.

유지 화학 공업은 동식물 원료에서 유지를 채취, 정제하는 제유 공업과, 얻은 기름을 가공 이용하는 유지 화학 공업의 두 가지를 포함한다. 제유 공업에는 식용유, 공업유 제조와 버터 제조 공업이 여기에 포함된다. 유지 화학 공업에는 유지를 원료로 생산하는 완제품 또는 반제품으로 비누 공업, 경화유 및 마가린 공업, 계면활성제 공업, 유제와 도료(paint) 공업, 지방산 유도체 합성 공업 및 기타로 세분된다. 유지 제품 공업의 일부는 제2차 세계대전 후 석유화학이 천연 유지를 대체함에 따라 유기합성과 밀접한 학문적 연계성이 있다. 유지는 화학적으로 글리세롤 지방산 에스터이고, 이 에스터 결합부에 물이 부가되면 글리세롤과 지방산으로 분해된다. 이와 같은 반응이 유지의 가수분해반응이고 공업적으로는 유지 분해라고 부른다.

2 계면활성제 산업

물질은 고체, 액체, 기체의 세 가지 상태를 가지고 있다. 계면(interface)은 밀도와 물성이 다른 두 가지의 상이 접촉할 때 형성되는 경계 지역(boundary region)이다. 특히 표면(surface)이란 기체와 접촉되는 고체 또는 액체 경계 영역을 의미하는데 광의의 개념으로 계면과 표면은 같은 의미로 사용되기도 한다. 이러한 계면은 상(phase) 내부와는 다른 분위기로 되어 있기 때문에 계면의 분자들은 분자 밀도, 분자 간 상호 작용력, 분자 배향 및 반응성에서 크게 차이가 있다. 그러나 계면의 성질은 물질의 종류에 따라서 다르지만, 계면에서 일어나는 현상의 본질은 크게 다르지 않다. 계면에서 일어나는 이러한 현상을 연구하고 응용하는 학문을 계면 과학(surface science)이라고 한다. 계면을 활성화하는 물질은 계면활성제(surface active agent, surfactant)라고 하는데 한 분자 내에 친수성(hydrophilic) 부분과 친유성(lipophilic or hydrophobic) 부분이 동시에 존재하고 표면(또는 계면)에 흡착하여 표면(또는 계면)의 성질을 극단적으로 변화시키는 화합물을 말한다. 특히 수중에서는 친수부의 수화로 안정화되려는 부분과 물을 피해 표면으로 배열하려는 친유부의 소수성(hydrophobic) 특성은 물과 공기 계면의 흡착으로 이어져 표면장력의 감소를 유발하고 표면흡착이 최대화(saturation)되면 마이셀(micelle)이라는 계면활성제 회합체를 물속에서 만들게 된다. 계면활성제는 친유성 부분과 친수성 부분으로 구성되어 있어 명칭도 조성물이 반영되어 있다. 마이셀이 형성되는 계면활성제의 농도를 임계마이셀농도(critical micelle concentration, cmc)라고 한다.

계면활성제 수용액의 성질은 임계미셀농도 전후에 크게 변화한다. 표면장력과 계면장력은 많이 감소하여 cmc 이상의 농도에서는 안정화되지만, 세정력은 cmc 농도까지 증가하다 cmc 이후 증가세가 약하게 증가한다. 전기전도도는 cmc 이후 급감하게 되지만 가용화능력(solubilization)은 급증하게 된다.

친유성 부분은 탄화수소 물질로 석유화학에서 얻는 물질로는 노말 파라핀, 알킬벤젠, 알파-올레핀 등이 있으며 천연유지에서 얻는 물질로는 지방산, 지방알코올, 지방아민 화합물이 사용되며, 플루오린계나 실리콘계 친유성 물질도 사용되고 있다. 계면활성제의 친수성 부분은 물에 용해가 쉬운 분자구조로 되어 있는데, 친수성 부분의 전기적 특성에 따라 음이온성 계면활성제(anionic surfactant), 양이온성 계면활성제(cationic surfactant), 비이온성 계면활성제(nonionic surfactant), 양쪽성 계면활성제(zwitter ionic surfactant)의 네 가지로 분류된다. 일례로 석유계 친유성 알킬벤젠에 음이온성 설포네이트가 붙으면 음이온 계면활성제인 알킬벤젠 설포네이트(alkyl benzene sulfonate)가 된다. 알파 올레핀에 설포네이트를 붙이면 AOS, α−olefin sulfonate가 되며 음이온성 계면활성제(anionic surfactant)로 분류되고 있다.

음이온 계면활성제는 비누(soap), 선형 알킬벤젠 설포네이트(LAS: linear alkyl benzene sulfonate), α−올레핀 설포네이트(AOS: α−olefin sulfonate), 알킬에터 설포네이트(AES: alkyl ether sulfate), 이차 알케인 설포네이트(SAS: secondary alkane sulfonate), 메틸 에스터 설포네이트(MES: methyl ester sulfate)가 상업적으로 많이 사용되고 있다. 비누는 가장 오래된 음이온성 계면활성제로 긴사슬지방산의 알칼리 금속염이고, 주로 유지인 트라이글리세라이드와 수산화나트륨의 비누화 반응으로 제조한다. 비누 제조에 사용되는 원료 유지는 주로 우지(beef tallow), 야자유(coconut oil), 돼지기름(lard oil), 팜유(palm oil), 올리브유(olive oil) 등이 사용된다.

대표적인 분산제 또는 세정제용 계면활성제인 소듐−알킬벤젠 설포네이트는 석유의 증류와 분해를 거쳐 합성된 알킬벤젠을 황산 기체(H2SO4/SO3)와 반응시켜 알킬벤젠 설포네이트를 만들고 이어서 수산화 소듐(수산화 나트륨)으로 중화시키는 방법으로 합성된다. 소듐−알킬벤젠 설포네이트의 합성 시 알킬기는 탄소수가 12인 도데케인을 사용하는데, 석유의 증류로 탄소수가 12인 도데케인만 분해할 수는 없고 C8에서 C18까지, 심지어 C18 이상의 탄화수소도 분포를 이루며 혼합되어 분리되어 있다. 즉, 평균분자량이 C12인 것이며 분자량 분포가 좁을수록 품질이 우수한 계면활성제이다. 따라서 산업용 계면활성제는 순수물질은 아니고 혼합물 상태로 존재하여 제조 롯트(lot)마다 약간의 품질 차이가 날 수 있어 이를 관리하여 계면활성제 품질을 안정화해야 한다.

비이온 계면활성제는 알킬 에톡실레이트(alkyl ethoxylate), 알킬 다이메틸 아민 옥사이드(alkyl dimethyl amine oxide), 알킬 폴리글루코사이드(alkyl polyglucoside), 지방산 알카놀아마이드(fatty acid alkanolamide)가 있다. 대표적인 알킬 에톡실레이트(AE)는 유지에서 분리 합성한 지방알코올에 석유 나프타 분해로 얻은 에틸렌옥사이드를 알칼리 촉매 조건에서 합성한다. 에틸렌옥사이드(EO)를 과량 사용하여 합성하는데 EO의 함량이 높아질수록 친수성이 증가하게 된다. 양이온 계면활성제는 DDA, 이미다졸린계, 그리고 EQ가 있다. 대표적인 다이스테아릴다이메틸암모늄클로라이드(DDAC)는 3급 아민에 메틸클로라이드를 반응시켜(이를 4급화 반응이라고 함) 합성한다.

양이온 계면활성제는 계면활성제의 말단부에 아민 염 및 암모늄 기와 같은 4급 아민이 붙어있어 물에 용해되면 양이온성을 띄게 된다. 그런데 물속에 음이온 계면활성제가 있으면 양이온-음이온 활성 분자들끼리 염을 형성하여 불용화된다. 양이온성 계면활성제는 세제로서의 용도는 적지만 섬유 처리제나 유연제, 분산제, 부유 선광제, 살균소독제 등의 용도로 사용되고 있다. DDAC는 섬유유연제에 활용된다. 피리디늄 염형은 일반적으로 할로겐화 알킬과 피리딘의 반응으로 합성되고, 염색보조제나 살균제로 사용되고 있다.

양쪽성 계면활성제는 음이온성, 양이온성, 비이온성 3가지 성질의 어느 쪽이든 2가지 성질을 지닌 경우를 가리키지만, 보통은 음이온성과 양이온성을 함께 지닌 계면활성제를 지칭하는 경우가 많다. 산성에서는 양이온성 계면활성제 특성이 우월하고 알칼리성에서는 음이온성 계면활성제로 작용한다. 대표적인 양쪽성 계면활성제로는 알킬베테인과 알킬설포 베테인과 같은 베테인계 계면활성제가 있다. 알킬베테인은 알킬아민화합물과 클로로 아세트산염을 반응시켜 합성한다. 베테인 형 양쪽성 계면활성제는 제4급 암모늄기와 카복실레이트기를 가지는 것으로, 아미노산 형과 달리 등전점에서도 석출하는 일 없이 모든 pH에서 계면활성이 유지된다. 제3급 아민을 모노클로로 아세트산으로 4급화한 것으로 이 외에 이미다졸린계 양쪽성 계면활성제도 있다. 양쪽성 계면활성제는 생체 아미노산(양이온성의 아민과 음이온성의 카복실산을 동시에 함유한 분자)처럼 음이온성과 양이온성을 모두 한 분자 내에 지니고 있어 인체에 대한 자극성이 적은 것으로 알려져 있다. 천연 양쪽성 계면활성제로는 달걀노른자의 레시틴이 알려져 있고 이를 활용하여 마요네즈를 제조한다. 그 외 타우린도 천연의 양쪽성 계면활성제이다.

3 페인트 산업

고분자 수지와 유지·계면활성제를 활용하는 산업으로는 페인트 산업이 있다. 도료, 페인트(paint)란 유동 상태로 물체의 표면에 발라 엷은 막을 형성하고 굳어져 그 물체를 보호하고 외관을 아름답게 하는 제품이라고 정의할 수 있다. 물체 표면의 보호, 겉모양이나 모양의 변화, 그 밖의 것을 목적으로 하여 물체의 표면에 바르면 얇은 막이 되고, 건조하면 물체 표면에 고착되어 도막이 형성되는 것이다. 도료를 사용해서 물체의 표면에 퍼지게 하는 조작을 '칠한다'라고 말하고, 고체의 막이 생기는 과정을 '건조'라고 말하며, 고체의 피막을 '도막'이라고 한다.

흔히 페인트로 불리는 도료를 단순히 색깔을 입히기 위해 칠하는 것으로 생각하는 경우가 많다. 그러나 사실 도료는 첨단 과학기술이 살아 숨 쉬는 대표적인 종합화학 상품이다. 도료는 여러 가지 화학물질을 섞어놓은 유동성 물질로, 여러 가지 방식으로 각종 물체의 표면에 칠해진 후 도막(고체 막)으로 변화된다. 목재나 철, 시멘트 등은 도료에 의해 만들어진 표면의 도막 덕분에 산소나 수분, 탄산가스 등이 침투하는 양이 억제되어 썩거나 녹스는 일이 방지된다. 이처럼 산화를 방지하거나 노화를 지연시키는 것은 도료의 보호 기능에 해당한다. 교통표지판의 각종 표시는 여러 종류의 색채를 가진 도료가 사용돼 아름답고 화려한 느낌의 표면을 만든다. 이는 경고와 장식의 목적으로 사용된 예이다. 최근에는 물질의 표면을 보호하고 아름답게 장식하는 기본적인 기능 외에 특수한 기능을 가진 도료들이 선보이고 있는데 이런 특수기능 도료를 총칭해 '첨단 도료'라고 부른다.

페인트의 조성은 수지류, 용제류, 안료 및 첨가제로 구성되어 있다. 수지류는 도료의 물성, 작업성을 좌우하는 중요한 요소로서 수지의 성질에 따라 건조성, 도막의 내구성, 내후성의 차이가 크다. 도료에 사용되는 수지는 천연수지와 합성수지로 구분되며, 천연수지는 송진(rosin)이나 셀룰로스처럼 천연에서 얻는 수지로 바니시(varnish), 래커(lacquer) 등의 도료에 사용된다. 합성수지는 화학반응에 의하여 합성되는 수지류를 총칭하는 것으로, 천연수지와 비교하여 아주 큰 분자량을 갖는 유기 화합물이다. 주로 아크릴, 폴리우레탄, 폴리에스터, 에폭시, 아미노, 페놀, 바이닐 수지류가 단독 또는 혼합하여 사용한다. 천연수지로 아마인유, 콩기름과 같은 건성유와 말레인 산화 유와 같은 개량 건성유가 수용성 수지와 혼합되어 사용되는데 여기에 천연 송진 레진, 동물성 수지인 쉘락(shellac), 천연고무와도 혼합하여 사용되기도 한다. 용제류는 수지를 녹여 안료와 균일한 상태로 만들어 주며 점도를 낮추어 도장 시 작업을 쉽게 만들어 준다. 용제를 극성도로 분류하면 비극성 용제로 석유, 가솔린, 벤젠, 톨루엔, 자일렌이 사용되고 있고, 알코올(alcohol)계, 에스터(ester)계, 에터(ether)계 혹은 아세톤, 메틸에틸케톤과 같은 케톤(ketone)계 용제가 사용되고 있다.

안료는 도막에 색과 은폐력을 부여하는 분말(powder)로서 무기안료, 유기안료로 구분하고, 용도별로 착색안료, 체질안료, 소광안료 및 방청안료 등으로 구분한다. 착색안료는 페인트의 색감을 부여하는 다양한 색상의 피그먼트에 TiO_2나 카본블랙으로 흰색과 검은색을 구현하고 알루미늄 페이스트, 탈크, 합성 실리카, ZnO 등이 안료로 사용되고 있다. 도막을 단단하게 하고, 분해를 방지해 내구성을 좋게 하는 안료를 체질안료라고 하는데 탈크와 실리카가 이런 목적으로 채택된다. 방청성을 부여해 주는 안료로써 주로 하도 도료에 사용하는 아연, 크롬 옥사이드, 징크 크로메이트 등이 방청안료에 속한다. 첨가제는 분산제, 건조제, 가소제 등이 도막의 물성 및 작업성을 향상시키기 위하여 도료에 첨가된다.

유성도료는 주로 천연 유지로부터 제조되는 비히클을 사용하는 도료이며, 옻/카슈우계 도료, 유성 페인트, 유성 에나멜 등이 있다. 유성 페인트는 지건성이며, 견고성, 내수, 내알칼리성이 부족할 수 있다. 옻칠은 송진(resin)과 더불어 중요한 천연수지로, 인간이 처음 쓰기 시작한 천연 플라스틱 제품이라 할 수 있다. 천연옻 수액은 우루시올 60~65%와 기름, 천연수지, 에스터 고무의 증량제를 20~30% 섞어 도포하고 38~45°C에서 수 시간 가열하고, 어느 정도 탈수와 산화 공정을 거치면 멋진 옻 도막이 형성된다. 옻 도막은 내약품성, 견고성, 부착성, 광택이 뛰어나지만, 지건성이며 값이 비싸므로, 주로 칠기나 미술 공예품에 주로 활용되고 있다. 카슈우(cashew)계 도료는 우루시올과 유사한 카르돌이나 아나카르드산이 주성분으로 보통 유용성 페놀수지와 공중합시켜 비히클로 만들어 도포하며 옻의 대용품으로 사용되고 있다. 송진에는 아비에틴산이 주성분으로 들어 있는데, 아비에틴산/에스터고무/송진 변성 말레산수지/페놀수지 등을 건성유와 가열 중합시키고 여기에 용제를 넣으면 유성 에나멜이 된다.

페인트의 첨가제는 유기물질, 무기물질 등으로 되어 있으며 소량 첨가하여 도료 및 도막의 물리적, 화학적 기능을 부여하여 물성을 향상하는 원료이다. 첨가제에는 분산 안정제(dispersing agent), 표면 조정제(leveling agent), 소포제(antifoaming agent), 유동성 조정제(rheology control agent), 경화촉진제(curing accelerator) 등이 있다.

합성수지 도료에는 알키드 수지 도료, 아미노 수지 도료, 가교형 합성수지 도료, 바이닐 수지와 아크릴 수지 도료, 그리고 페놀수지 도료가 있다. 다염기산과 다가알코올과의 폴리에스터를 알키드 수지라고 하고 대표적인 것은 무수프탈산과 같은 다염기산(多鹽基酸)과 글리세린과 같은 다가알코올과의 축합물(縮合物)을 골격으로 하고 이것을 유지 또는 지방산으로 변성한 수지를 말하며 이것을 다시 로진, 페놀수지, 중합성 단량체 등으로 변성한 것도 알키드수지에 포함하는 것이 일반적이다.

알키드 수지 도료의 특성은 내구성(耐久性)이 우수하고 내후성(耐候性)도 좋은 편이다. 또한 유연(柔軟)하고 강인(强忍)하다. 광택 유지(維持)성이 양호하고 색 유지성도 비교적 양호하다. 안료의 분산이 양호하고 도장 작업성이 우수하다. 충분히 건조한 도막은 탄화수소계 용제에 대한 저항성이 크다. 내열성이 비교적 좋고 가격이 저렴하다. 그러나 내알칼리성이 나빠 시멘트나 콘크리트와 같이 알칼리가 강한 곳에는 사용할 수 없고 또한 에스터, 케톤계 등의 강한 용제에 대한 저항성이 나쁘다는 결점이 있다.

아미노 수지는 아미노(R−HN_2) 화합물과 폼알데하이드와의 축합체 수지를 말하며 도료에 주로 사용되는 것은 요소수지(尿素樹脂, Urea Resins)와 멜라민수지(melamine resins)로 이는 페놀수지와 함께 도료용 열경화성 수지의 대표적인 수지이다. 반응 시 폼알데하이드의 비가 많아질수록 뷰틸화 반응이 쉬워지고, 생성 수지의 점도가 낮아지며, 알키드 수지, 에폭시수지, 기타 다른 수지와 상용성이 좋아지지만 경화도는 떨어진다. 에폭시수지는 에피클로로하이드린과 비스페놀의 공축합에 의해 합성되고, 경화제로 가교 고분자화시키고 도막을 만들면 내충격성과 광택이 급격히 좋아진다. 아미노 수지와 에폭시수지는 150℃ 이상에서 아미노 수지의 메티롤기와 에폭시수지의 에폭사이드 간에 반응이 일어나 3차원 구조로 결합하게 된다. 아미노 수지와 아크릴수지와의 반응으로도 3차원 네트워크를 이룰 수 있다. OH기나 COOH기를 가진 아크릴수지는 아미노 수지와 150℃ 이상에서 쉽게 반응하여 3차원 구조를 가진 내후성이 좋은 도막을 얻을 수 있다. 이 도료들은 광택, 내약품성, 부착성이 뛰어나고 내마모성이 크다는 특징이 있다.

수성 도료는 통상 에멀션 도료라고 하는데, 합성수지의 미립자가 물에 현탁된 라텍스이며, 물이 용제의 역할을 하여 위험성이 낮다. 도막은 일단 건조하면 내수성이 있고 내알칼리성이 좋아서, 콘크리트나 시멘트 외벽에 사용할 수 있다. 라텍스 입자의 융합으로 도막이 형성되기 때문에 광택은 좋지 않다. 수성 도료에 사용되는 합성수지로는 폴리바이닐아세테이트(PVA), 폴리스타이렌(PS), 스타이렌-뷰타다이엔 공중합체(SBR) 등이 사용된다. 에멀션 도료는 가열 경화형과 상온 경화형 2종류가 있다. 가열경화형에는 SBR이나 아크릴산 에스터계가 있고, 상온 경화형은 PVA, PS 및 어느 정도의 스타이렌-뷰타다이엔과 아크릴산 에스터계의 합성수지가 이용된다. 제조 시 계면활성제를 포함하기 때문에 거품발생을 막기 위해 소포제를 첨가한다. 상온 경화형은 건축물 내부 외부용으로 가열경화형은 자동차용 프라이머로 사용되고 있다.

용제를 사용하지 않는 새로운 도료로 분체도료가 있고 이를 도포하는 기술을 분체 도장이라고 한다. 분체도료는 에폭시수지, 아크릴수지, 폴리에스터수지 등의 고형수지에 안료, 경화제를 배합하여 수지 용융온도와 경화제 작동 온도 사이의 온도에서 용융 혼합하고, 냉각 분쇄하여 가루 형태로 만든 도료이다. 휘발성 용제나 물 같은 희석제가 들어있지 않아 대기나 수질 오염 등 공해 문제를 최소화할 수 있다. 도료입자를 음으로 대전시키고, 분체 도장 건으로 가루를 흩뿌리듯 정전 스프레이 도장을 하면 양전하로 하전된 피도장체에 정전기적 인력으로 부착된다. 이후 수지의 용융점 이상의 온도로 열을 가하면 도막이 형성된다. 피도체에 달라붙으면 100% 그대로 도막이 되므로 여러 번 칠할 필요가 없이 단 한 번에 두꺼운 도장이 가능하며 다양한 무늬 구현이 가능할 뿐만 아니라 도막 형성 시 주름이 생기거나 잘 흘러내리지 않고, 점도 조절이 필요치 않아 도장 작업성이 우수하다. 강관용 분체도료는 수십 년 동안 녹이 슬지 않도록 할 수 있고, 외부 충격에도 강해 송유관, 수도관, 가스관 등 각종 강관보호에 사용되기도 하며 자동차나 전기전자 제품, 그리고 공구류와 같이 금속 표면에 도포 시 분체 도장법이 훨씬 효과적이다.

정리

1. 기름에는 석유, 석탄과 같은 화석 자원에서 얻는 기름도 있고, 생명체인 동식물로부터 구할 수 있는 유지가 있다.
2. 유지는 지방산과 글리세린의 트라이글리세라이드 에스터(triglyceride) 형태로 존재한다.
3. 유지는 지방산의 탄소 조성에 따라 건성유가 되기도 하고 불건성유가 되기도 한다.
4. 유지를 수산화나트륨과 반응하면 비누가 합성된다. 비누는 친수성기와 소수성기를 함께 지닌 물질로 계면을 활성화하는 성질이 있다.
5. 한 분자 내에 친수성과 친유성을 동시에 지닌 물질을 계면활성제라고 한다.
6. 유지와 계면활성제 그리고 고분자 수지(5장 참고)를 배합하여 만든 물질이 페인트(도료)이다. 페인트용 수지, 페인트 조성, 도장 방법 등 페인트 산업 전반에 대하여 공부하였다.

읽을거리 새똥이 돈이 되고 전쟁의 원인이 되었다: 새똥 전쟁

근대 유기화학의 아버지라고 하는 리비히는 1841년 식물의 무기영양론을 발표하였다. 그 결과 이산화 탄소, 뿌리로부터 얻은 질소 화합물, 미네랄이 식물의 성장에 필수 성분이라는 것이 알려졌고, 이에 따라 칠레초석이 유럽에서 매우 중요해졌다. 칠레초석은 페루의 태평양 연안에서 얻은 인광석 광물인 '구아노'라고 하는 천연비료였다. 서양의 경우, 합성 암모니아를 개발하기 전까지는 이것이 화약 제조와 비료로 사용되는 질산염의 주요 자원이었다. 구아노는 16세기 잉카인들이 '거름으로 쓰이는 배설물'이라는 의미로 쓰던 wanu를 스페인어로 옮겨서 생긴

말이라고 한다.

칠레초석은 박쥐, 새, 펭귄 등이 오랫동안 배설한 배설물이 퇴적되어 쌓여 만들어진 인산염과 질산염 성분이 풍부한 광물이다. 남아메리카의 태평양 연안은 인간이 살기 훨씬 전부터 새들이 태평양을 오가며 바다의 생선을 잡아먹으며 터를 닦고 살고 있었다. 바다새들의 배설물로 형성된 구아노, 즉 '버드 구아노'가 유럽에 알려지면서 칠레초석이라고 불렸다. 특히 건조한 사막 지대나 연간 강수량이 적은 편서풍대 해변 지역에 구아노가 많이 퇴적되어 있는데 그 지역이 페루, 볼리비아, 칠레 세 나라의 경계 지역인 아타카마 사막 지대이어서 이 칠레초석을 확보하기 위해 세 나라 사이에 1879년 전쟁이 일어나기도 했다. 칠레가 페루-볼리비아 연합군에 승리해 결과적으로 볼리비아는 해안선 영역을 뺏기며 해안선이 없는 내륙 국가가 되었다. 당시 페루는 8,000여 명, 볼리비아는 3,000여 명의 병력을 보유한 데 비해 칠레의 병력은 고작 2,500명 수준이었으나, 구아노의 가격 폭등을 우려한 영국, 프랑스, 독일, 이탈리아 등 유럽 국가는 페루-볼리비아 연합의 자원 국유화에 맞서 칠레를 도왔기에 4년 만에 칠레가 승리할 수 있었다.

전쟁에 승리한 칠레는 전쟁배상금과 새똥 천연자원을 확보하였지만, 나중에 영국과 미국이 칠레 반군을 지원해 정부를 무너뜨리고, 결국 칠레는 내정 간섭을 받는 상황이 되었다. 이 새똥 전쟁의 정식 명칭은 태평양전쟁(War of the Pacific)이다. 결국 이 구아노 전쟁, 즉 새똥전쟁도 돈 때문에 일어난 비극었다.

연습문제

1 객관식 **유지에 대한 설명 중에서 잘못된 것은? (   )**

① 유지는 석유가 아닌 동물이나 식물로부터 직접 얻게 되는 천연기름이다.

② 건성유는 불포화도가 높은 지방산을 함유하여 공기 가운데 두면 산소와 반응하여 수지 형태로 굳어 버리는 성질을 가진 식물성 기름이다.

③ 유지는 트라이글리세라이드 에스터(triglyceride) 형태로 존재하는데 세 개의 지방산의 종류에 따라 유지의 물성이 달라진다.

④ 건성유에는 들기름, 오동유(梧桐油), 아마인유, 콩기름, 팜유, 야자유가 해당된다.

2 O, X 문제 **합성수지는 천연수지보다 부패, 습기, 열에 훨씬 강해 페인트 산업에 사용되고 있다.**

(   )

3 주관식 **용제를 사용하지 않고 도료입자를 음으로 하전시키고, 분체 도장 건으로 하전된 피도장체에 가루를 흩뿌리듯 정전 스프레이 도장을 하는 도료를 무엇이라고 하는가?**

7장

화장품 산업

화장품이란 인체를 청결·미화하여 매력을 더하고 용모를 밝게 변화시키거나 피부·모발의 건강을 유지 또는 증진하기 위하여 인체에 바르고 문지르거나 뿌리는 물질을 말한다. 화장품은 기원전 3,500년 전경 고대 이집트에서 최초로 사용한 것으로 보인다. 고대 그리스, 로마 시대에도 화장품을 사용하였다고 한다. 이 장에서는 인류가 5,000년 이상 사용한 화장품을 학문으로 간단하게나마 접근해 본다. 화장품의 원료와 제조 기술 그리고 효능에 관하여 공부할 것이다. 먼저 화장품을 분류하고 기술과 재료에 대하여 알아보겠다.

1 화장품의 분류

1) 사용 부위별 분류

화장품은 사용 부위에 따라 피부에 사용하는 화장품과 두발에 사용하는 화장품으로 분류한다. 피부에 사용하는 화장품에는 피부를 청결하게 하고 수분과 유분의 균형(moisture balance)을 유지하며, 신진대사를 원활히 하여 피부 항상성(homeostasis) 기능을 유지해 주는 기초화장품, 다양한 색상으로 피부를 아름답게 가꾸고 외부 환경으로부터 보호 기능과 심리적인 만족감을 부여하는 색조 메이크업 화장품, 몸에 대한 건강미를 향상해주고 부드럽게 해주는 바디 화장품, 몸과 마음을 연결해주는 마법의 향수나 방향제 화장품이 있다. 두발에 사용하는 화장품(헤어용품)은 두발을 청결히 하고 영양을 부여하여 두피 및 모발을 건강하게 유지해 준다. 두발에 사용하는 것은 세정목적의 샴푸, 세정 후 두발을 부드럽게 해주고 정전기 방지를 목적으로 바른 후 씻어내는 린스, 머리카락에 영양과 수분을 공급하는 트리트먼트가 있는데 세 품목 모두 인체에 사용한다는 의미에서 화장품으로 분류하기도 한다. 린스와 트리트먼트는 함께 하나의 상품으로 기능을 부여하기도 하고 사용 순서도 서로 바꿔서 사용할 수도 있다.

2) 형상별 분류

화장품은 제조하는 기술의 방법에 따라 유화 제품, 가용화 제품, 분산 제품 등으로 구분한다. 유화란 에멀션화(emulsification)라고도 하는데, 서로 섞이지 않는 두 액체 중에서 한 액체가 미세한 입자 형태로 다른 액체에 분산된 현상을 말한다. 주로 유백색의 형상을 갖는 크림류, 로션류, 파운데이션 등이 이에 해당한다.

가용화(solubilization)란 물에 대한 용해도가 아주 작은 물질을 가용화제(계면활성제, surfactant)가 물에 용해될 때 일정 농도 이상에서 생성되는 마이셀(micelle)을 이용하여 용해도 이상으로 용해하는 기술을 말한다. 이를 이용하여 만든 제품은 투명한 형상을 갖는 스킨로션, 에센스 그리고 향수 등이 있다.

분산(dispersion)이란 어떤 물질 하나의 상 속에 다른 물질이 미립자 상태로 안정되게 퍼져있는 현상을 말한다. 고체 미립자가 액체 속에 퍼져있는 현상으로 국한하여 말하며, 메이크업 화장품은 안료를 여러 종류의 분산상에 분산시킨 제품이다.

3) 사용 목적별 분류

화장품의 사용 목적은 피부를 깨끗하게 하고, 아름답게 하고, 보호하는 것으로 볼 수 있다. 깨끗하게 한다는 것은 청정 작용으로 피부 표면의 더러움이나 노폐물 등을 제거하여 청결하게 하는 것이며, 아름답게 하는 미화 작용은 피부의 수분·유분이 균형을 이루어 건강하고 아름답게 가꾸는 것이고, 보호작용은 해로운 외부 환경으로부터 피부를 보호해 주는 기능을 말한다.

화장품을 사용 부위에 따라 분류하면 일단 얼굴에 바르는 제품이 가장 많을 것이다. 얼굴에 바르는 제품을 페이셜 케어 제품으로 세분화해 볼 수 있다. 페이셜 케어가 있으면 바디케어, 핸드케어, 헤어케어로도 분류할 수 있을 것이다.

페이셜 케어 제품을 조금 더 세분화시키면 얼굴에 바르는 화장품의 기능과 연결할 수 있다. 생활이 풍요로워지며 과학기술이 발달하면서 "어떻게 하면 젊고 건강하게 나이를 먹어갈 수 있을까?", 즉 "성공적인 노화(aging)는 실현 가능한가?"라는 질문에 긍정적 답안 선택지가 늘어나고 있다. 그 이유는 얼굴에 바르는 화장품의 기능이 단순 보습·보유의 기능에서 노화 방지(anti-aging)와 미백의 기능까지 강화되기 때문일 것이다. 그래서 페이셜 케어 상품은 클렌징 화장품, 보습·보유 크림과 젤(모이스처라이저 화장품), 안티에이징 노화방지 화장품, 미백화장품, 마스크팩과 코팩 등으로 세분화할 수 있다.

핸드케어 제품으로는 자주 사용하는 손소독제(핸드세니타이저) 및 거칠어지는 손을 보호하는 핸드크림, 핸드로션 등으로 세분화하여 분류할 수 있다.

바디케어 화장품으로는 안티 셀룰라이트 풋케어 전용 제품이 포함되며, 대중적인 제품으로는 바디케어 세정제(바디워시), 바디케어 크림과 로션이 있다.

그 외 제모제, 헤어 염색제, 메이크업 리무버 등도 화장의 기본 정의와 기능에 부합하기 때문에 화장품 산업에서 취급하고 있다.

피부 노화의 주원인 중의 하나가 자외선이므로 자외선 차단 관련 제품들도 개발되고 있다. 자외선은 태양(sun)으로부터 유래되므로, 이런 제품들은 태양빛으로부터 보호한다는 뜻으로 선케어라고 한다.

2 화장품의 성분

2012년에 개정된 「화장품법」에서는 화장품에 사용할 수 없는 원료를 지정하여, 화장품 소비자를 인체에 해를 가할 수 있는 원료로부터 보호하면서, 화장품 제조업자 및 제조판매 업자는 법령에서 정한 기준에 따라 다양한 화장품 원료를 개발할 수 있도록 네거티브 리스트 방식으로 전환되었다. 그렇지만 새로운 원료를 화장품 원료로 사용하려면 제조자와 판매자는 그 안전성을 입증하여야 하므로 한편으로는 소비자들에게 안전성이 한층 강화되었다고 할 수 있다. 화장품에 사용할 수 없는 원료 및 사용이 가능하지만 사용상의 제한이 필요한 원료에 관한 사항은 「화장품 안전기준 등에 관한 규정」에서 정하고 있다. 화장품에 사용할 수 없는 원료는 「화장품 안전기준 등에 관한 규정, 별표 1」에서 확인할 수 있으며, 화장품 사용상의 제한이 필요한 원료 및 그 사용기준은 「화장품 안전기준 등에 관한 규정, 별표 2」에서 확인할 수 있다.

화장품의 주요성분은 부형제, 활성성분, 첨가제, 착향제 등 네 가지로 나누어 볼 수 있으며, 제품에 따라 각 성분의 배합 비율, 배합 방법, 그리고 사용원료가 달라진다. 화장품에서 부형제란 화장품 대부분을 차지하는 유탁액을 만드는 데 사용하는 물질로써 유탁액은 피부 보호막과 유사한 성분으로 만들어지며, 수분, 유분, 유화제를 혼합하여 만든다. 주로 물과 수용성 성분들과 오일 성분이 에멀션이나 서스팬션하여 사용된다. 활성 성분은 화장품에 특별한 효능을 부여하기 위해 사용하는 물질로 각 제품의 특징을 나타내는 역할을 한다. 가령 수분크림 안에 보습 작용을 하는 물질이나 선크림에 사용되는 자외선을 차단제 성분, 비타민 앰플에 사용되는 비타민 추출액, 안티에이징 제품의 주름개선제 등이 이에 해당한다. 화장품에는 화학 반응이나 세균에 의해 부패하는 것을 막고 안정된 상태로 유지하기 위해 첨가하는 보존제 성분이나 산화방지제도 첨가된다. 그리고 화장품은 심미적인 부분도 중요하므로 화장품에서 좋은 향이 나도록 제품에 맞는 향을 사용하게 되며 이를 착향제 성분이라고 한다.

앞에서 기초화장품이 단순 보습·보유의 기능에서 노화 방지와 미백으로 그 기능에 따라 분류하였는데 가장 많이 사용하는 기초화장품의 성분을 보면 ① 물, ② 유성 원료, ③ 계면활성제, ④ 색소, ⑤ 효능원료, ⑥ 착향제, ⑦ 보존제, ⑧ 점증제, ⑨ 보습제 등 9가지로 나눌 수 있다. 이것을 기초화장품의 9대 원료라고 한다.

기초화장품의 9대 원료

① **물**: 화장품 성분표시의 '정제수'에 해당하며 보통 기초화장품 제품의 10% 이상을 차지한다.

② **유성 원료**: 피부의 수분 손실을 조절하며, 흡수력을 좋게 하는 성분으로 주로 오일류, 왁스류, 고급 지방산류, 고급 알코올류, 탄화수소류, 에스터류, 실리콘류가 사용된다.

③ **계면활성제**: 기름과 물의 계면을 섞어주는 유화제, 소량의 오일을 물에 녹게 하는 가용화제, 고체입자를 분산시키는 분산제와 습윤제, 기포제, 소포제, 세정제가 사용된다.

④ **색소**: 기초화장품에의 색소 사용은 적고 메이크업 화장품인 파운데이션이나 아이섀도처럼 제품의 색깔을 내는 제품에 타르색소, 천연색소, 무기안료가

사용된다.

⑤ **효능원료**: 미백, 주름 개선, 탄력향상의 특징 기능을 하는 효능 성분으로 이미 알려진 성분들은 피부에 트러블을 일으키지 않으면서 최대한 효능을 낼 수 있는 적정량을 사용하도록 식품의약품 안전청에서 사용 허용치를 정해 관리·감독하고 있다. 새로 효능을 인정받고자 하는 원료는 안정성과 효능 실험 결과를 준비해 식품의약품 안전청의 사용 허가를 받아야 한다.

⑥ **착향제**: 향을 내는 선분으로 화장품 원료에서 생기는 기본취를 마스킹하고 소비자의 만족감을 향상할 목적으로 향을 사용한다.

⑦ **보존제**: 화장품을 개봉한 후 미생물에 의한 변질을 막기 위해 사용하며 우리나라에서 현재 사용할 수 있는 보존제는 총 69종으로 배합 한도가 정해져 있다. 대표성분으로는 파라벤, 이미다졸리딘일 우레아, 페녹시에탄올 등이 있다.

⑧ **점증제**: 점도를 유지하거나 제품의 안정성을 유지하기 위해 쓰이며, 보습제, 계면활성제로서 일부 이용된다. 대표적인 점증제로는 구아검, 잔탄검, 젤라틴, 메틸셀룰로스, 알긴산염, 폴리비닐알코올, 벤토나이트 등이 있다.

⑨ **보습제**: 건조하고 각질이 일어나는 피부를 진정시키고, 피부를 부드럽고 매끄럽게 하는 성분으로 흡수성이 높은 수용성 물질로 프로필렌글리콜, 뷰틸렌글리콜, 폴리에틸렌글리콜, 글리세린, 소르비톨, 히알루론산나트륨(히알루론산소듐) 등이 사용되고 있다.

3 기초화장품의 제형에 따른 세분화와 기능성 화장품과 관련한 이론 및 기술

기초화장품의 제형에는 다양한 종류가 있다. 흔히 가용화, 유화, 분산 타입으로 나뉠 수 있는데 기초화장품에서는 가용화와 유화 방식을 택하고 간혹 분산 타입을 혼합하여 제형에 이용하기도 한다. 19세기 중반부터 가용화(solubilization)의 개념이 사용되긴 했지만 실제로 개념이 널리 이용된 것은 1950년대부터라고 볼 수 있다. 화장품에서 중요한 역할을 하는 향을 화장품에 적용하는 것이 당시 어려운 문제였는데, 화장품은 물을 주성분으로 하는 수상 제형인데 향은 일종의 기름 성분이라 잘 섞이지 않았기 때문이다. 그래서 향을 화장품에 적용하고도 분리가 되거나 불투명하게 되는 현상을 막기 위해서 계면활성제를 이용하는 방법을 선택하게 되었으며 이게 바로 가용화이다. 가용화 현상이란 용매(보통은 물)에 난용 또는 불용성 물질이 계면활성제에 의해 완전히 용해되어 투명하게 보이는 현상을 말하는 것이다. 반대로 대부분이 오일인 성분에 아주 소량의 수상 원료(예를 들면 콘셉트 추출물 같은 경우)를 섞어야 하는 경우도 가용화라고 볼 수 있다.

용매가 수상인지, 유상인지에 따라 계면활성제를 다른 것을 사용하는데 이는 HLB 수치를 보고 결정한다. HLB(hydrophilic–lipophilic balance)는 수상과 유상의 균형을 나타내는 수치이다. HLB가 높을수록 친수성이어서 용매는 물이 되며, HLB가 낮을수록 용매가 오일상이 되어 친유성 계면활성제로 볼 수 있다. 화장품에서 가장 많이 사용하는 개념인 유화와 계면활성제를 이용하여 물과 오일을 잘 섞는 것이라는 원리는 동일하지만, 가용화는 훨씬 더 소량의 오일을 계면활성제를 적용해서 투명하게 만드는 것이고 유화는 훨씬 더 많은 오일을 물과 잘 섞이게 만들어 유백색을 만드는 데에 그 차이가 있다. 계면활성제로는 음이온 계면활성제나 비이온 계면활성제를 사용할 수 있는데 가용화 상안정성이 잘 유지되는지 확인하여야 한다.

유화, 에멀션은 물, 오일과 같이 서로 섞이기 어려운 상을 계면활성제를 이용하여 미세한 형태로 분산시킨 것이다. 물과 오일 두 상이 서로 섞이지 않고 깔끔하게 분리되는데 이 경계를 계면이라고 한다. 이 상태에서 막 흔들고 나면 두 가지 상이 만나는 계면의 면적이 넓어져 일시적으로 뿌옇게 혹은 희게 되는 것을 볼 수 있는데 이를 계면활성제를 이용해서 안정적으로 섞일 수 있게 만들어놓으면 불투명한 유백색을 보이게 된다. 마이크로 에멀션은 유화제, 물, 오일 이 3가지 성분이 평형 상태로 이루어져 있을 때를 말하며 열역학적으로 안정된 모습을 보인다. 그래서 일정한 온도나 압력 등에서 각각의 함량을 결정하는 것이 중요하며 큰 의미에서 가용화도 마이크로 유화에 포함하기도 한다. 유화제, 물, 오일 3

가지 성분계의 상도는 여러 가지가 있지만 O/W 형태와 같이 수상이 주상이고 오일상이 소량 들어가는 형태의 경우에는 수용성 유화제를, W/O와 같이 유상이 주상이고 수상이 소량 들어갈 때는 지용성 유화제를 선택하는 것이 원칙이다. 이런 에멀션 기술은 제조하는 방법에 따라 리포솜, 비히클, 마이크로스피어, 코아세르베이트, 마이크로 에멀션, 나노 에멀션 등이 개발되었다.

리포솜은 수성의 코어를 둘러싸는 지질의 이중층으로 구성된 미세한 구형 라멜라(lamellar) 상의 소포체로, 양친매성이며 크기가 작고 생체 지질 이중층(lipid double layer)과 유사 구조로 경피흡수가 우수하다. 리포솜 내부에 약물을 넣어 서서히 전달하는 방식인 서방성의 약물전달체 시스템(DDS: drug delivery system)가 가능하게 된다.

화장품의 기본 기능 중의 하나는 보습·보유기능이다. 피부의 건조를 막아주며 보습을 부여하여 피부 탄력을 유지한다. 피부의 최외부 표피층에는 케라티노사이트(keratinocyte)라 하는 각질형성세포와 멜라노사이트(melanocyte)라 하는 멜라닌 형성 세포가 존재한다. 피부의 습도 유지는 건강한 피부를 유지하기 위한 기본 조건이며, 각질층은 자연보습인자(NMF: natural moisturizing factor)와 각질 세포 사이에 존재하는 지질층 및 피지선이 분비되는 피지에 의해 수분을 유지하고 있다. 세포 간 지질의 주성분은 세라마이드, 포화지방산 콜레스테롤의 혼합으로 이루어져 있다. 양적으로 세라마이드가 50%, 콜레스테롤이 그 반, 그리고 지방산이 10% 순이다. 따라서 천연지질 성분과 같은 배합비의 지질의 리포솜은 각질층의 배리어 기능을 회복시키고 유지하는 데 도움이 될 수 있다.

화장품의 기본 기능에 기능을 부여하면 기능성 화장품이라 하여 별도 관리되고 있다. 기능성 화장품에는 피부 미백에 도움을 주는 미백화장품, 피부 주름 개선에 도움을 주는 주름 개선 화장품, 그리고 자외선으로부터 피부를 보호해 주는 자외선 차단 화장품이 있다. 기능성 화장품은 화장품법 시행규칙에서 정한 효능 효과를 표방하는 화장품으로 품질과 안정성 및 효능을 식품의약품안전처에서 심사받은 화장품을 말한다. 이외 기능으로 탈모 증상 완화, 여드름성 피부 완화, 아토피성 피부용 건조 완화 기능의 특수 제품이 있을 수 있다.

첫 번째, 미백 기능 기능성 화장품은 피부의 톤을 밝고 깨끗하게 할 목적으로 사용한다. 사람의 피부색은 멜라닌, 카로틴, 헤모글로빈의 양에 따라 결정되는데 이 중 멜라민이 가장 결정적인 요소이다. 멜라민은 피부 내의 가장 깊숙한 기저층에 있는 멜라노사이트에서 합성되며 표피 각질세포로 전이되어 피부색을 나타낸다. 멜라닌이 비정상적으로 적게 생성되면 백반증과 같은 피부 병변이 나타난다. 반대로 과잉 생산은 기미, 주근깨 등을 형성한다. 그래서 멜라닌의 분비를 억제하여 피부를 미백할 목적으로 광 자극에서 멜라닌 발생까지의 일련의 생체 반응을 조절하는 방법이 효과적이다. 자외선을 차단하거나, 멜라닌 세포에 광 자극에 대한 신호 억제인 cytokine regulator, tyrosinase 작용 억제, 색소 환원, 각질층 제거 등의 방법이 있다.

식약처에서는 이 목적에 부합한 기능성 미백 화장품 제품의 성분과 함량을 지정해 놓았다. 그리고 그 제형은 로션, 액체, 크림 및 침적 마스크에 한하며, 표기는 피부 미백에 도움을 준다는 정도로 사용할 수 있으며, 용법과 용량은 적당량을 취해 피부에 골고루 바른다는 것으로 정하였다. 피부 미백용 소재로는 닥나무추출물(2%), 알부틴(2~5%), 에틸 아스코빌 에터(1~2%), 융용성 감초추출물(0.05%), 아스코빌글루코사이드(2%), 마그네슘 아스코르빌 포스페이트(3%), 나이아신 아마이드(2~5%), 알파-비사로볼(0.5%), 아스코르빌 테트라 아이소 팔미테이트(2%)의 9종이다. 고시된 원료 이외에 감초 속의 glabridin, 월귤의 albutin, 캔데이어 나무의 bis-abolol, 비타민 B3 유도체인 나이아빈아마이드도 효과가 있다고 한다. 하이드로퀴논은 멜라노좀을 분해하고 멜라닌 형성 세포의 막 구조에 영향을 주어 세포를 사멸하는 직접적 효과는 있으나 너무 효과가 과해서 백반증 유발 부작용이 있다고 한다.

두 번째, 주름 개선 기능성 화장품은 피부의 노화 방지와 관련성이 있다. 피부노화는 습도, 자외선의 자연 인자나 영양, 스트레스 등의 생활 인자 혹은 생활 방식(life style) 등 여러 요인이 관여할 수 있겠지만 자연적인 나이에 의한 노화 증상을 생리학적, 생화학적으로 억제하는가의 과학적 근거를 축적할 필요가 있다. 그중에서 가장 큰 요인은 광노화이다. 자외선에 의해 기미 주근깨 피부 거칠어짐이 심해지면서 피부 회복이 어려울 만큼 피해를 받으면 주름이 생기며, 이는 노화의 결과물일 수 있다. 이 과정에서는 피부 내부에 활성 산소종이나 라디칼 물질이 관측된다. 분명한 것은 피부 노화와 생체 내 과산화물 및 이들의 라디칼 물질들 농도 사이에는 높은 상관성이 있고 라디칼은 연쇄반응을 하며 피부세포 DNA를 손상시켜 피부 세포와 조직에 피해를 주어 회복 불가로 파괴한다는 것이다. 그래서 이런 유해 활성 산소종과 라디칼을 제거하거나 줄여준다면 피부 노화를 늦추거나 효과적으로 막아볼 수 있다. 또 각질층에 NMF 성분이 감소되어 수분 보유 함유 능력이 감소되고 각질형성세포인 케라티노사이트의 증식과 분화가 촉진되면 피부 탄력성이 떨어져 피부 노화가 촉진될 수 있다. 따라서 이러한 다양한 피부 노화 원인을 제거해 주는 방법으로 피부 노화의 억제를 꾀할 수 있다.

주름 개선 화장품은 진피층 내 섬유아세포의 증식을 강화해 콜라겐의 합성을 촉진함으로써 주름을 완화하고 탄력을 증대시켜 준다. 현재 식약처에서 인정해주는 주름 개선에 도움을 주는 소재로는 비타민 A 물질로 알려진 레티놀(2500 IU/g), 레티닐팔미테이트(10,000 IU/g), 아데노신(0.04%), 폴리에톡실레이티드 레틴아마이드(0.05~0.2%) 4종이다. 여기서 IU는 international unit으로 비타민의 효과를 나타내는 국제 단위이다. 레티놀 2500 IU/g은 환산시 0.075%에 해당한다. 고시된 원료 이외에 달팽이 크림으로 알려진 뮤신 성분이나, 표피세포 성장인자 EGF와 아데노신 단백질도 피부 세포 생성에 도움이 되고 펩타이드 성분, 세라마이드, 히아루론산, 아르간 오일 등이 주름 개선에 도움을 준다고 알려져 있다. 또 줄기세포 활성화 펩타이드나 불가사리 유래 원료 융합기술도 우수한 것으로 알려져 있다.

세 번째, 자외선으로부터 피부를 보호하는 데 도움을 주는 자외선 차단제로는 물리적인 자외선 차단제와 자외선 흡수제가 있다. 자외선은 100~400 nm 파장 범위의 빛으로, 파장이 짧은 만큼 피부세포에 영향을 줄 수 있는 에너지를 지니고 있다. UV-A는 320~400 nm 파장의 빛으로 장시간 노출시 주름 발생 기작에 관여할 정도의 에너지를 보인다. UV-B는 280~320 nm 파장의 빛으로 장시간 노출시 피부에 화상을 일으킬 만한 에너지이다. UV-C는 100~280 nm 파장의 빛으로 장시간 노출 시 피부암이 발생할 만큼 강한 에너지이며 피부 조직은 회복 불가한 상태가 된다. 자외선 차단 효과는 TiO_2, ZnO와 같은 무기 소재에서 UV 산란 효과로 확인할 수 있는데 이 파장의 빛을 물리적으로 반사해 피부에 직접 접촉되지 않도록 하는 방법의 선케어 제품이 여기에 해당한다.

선케어 제품은 SPF(sun protection factor)로 자외선 차단 효과를 표시하는데 UVB 기준으로 SPF 30이란 30만큼의 햇빛을 1만큼의 햇빛으로 줄여준다는 의미로 대략 97% 차단해 준다는 의미이며 SPF 50은 98% 차단해 준다는 의미이다. 선케어 제품이 주로 흰색을 띠는 이유는 빛 반사에 유리하기 때문이며 이 역할을 위해 흰색 파우더인 ZnO나 TiO_2를 제품에 적용하기 때문이다.

자외선을 차단하는 또 다른 방법은 화장품 성분이 자외선 에너지를 흡수하는 방법이다. 이 에너지가 세포를 파괴한다거나 하는 나쁜 역할을 하지 못하게 에너지를 받아 열에너지로 바꿔주거나 퀜칭(quenching)이라는 방식으로 에너지를 분산시켜 인체에 대한 피해를 줄일 수 있다. 분자 내 흡수를 위해 이중 결합이 많은 화장품용 원료에서 어느 정도 효과가 관측될 수 있다. 현재 식약처에서 인정해주는 자외선 차단에 도움을 주는 소재로는 드로메트리졸(drometrizole, 1%), 벤조페논-3(5%), 뷰틸메톡시다이벤조일메테인(5%), ZnO(25%), TiO_2(25%) 등 27종이다.

화장품의 제조 기술 중에서 일반적인 로션이나 크림의 제조 공정을 알아보자. 먼저 pre mixing 개념으로 수상 성분과 유상 성분을 배합한다. 수상 성분 선 배합조에는 정제수, 보습제, 중화제와 완충재를 넣어 혼합한다. 유상 성분 선 배합 조에는 왁스, 에스터 지방산, 고급 알코올, 에스터 탄화수소, 실리콘, 유화제, 방부제, 산화방지제를 넣어 혼합한다. 두 가지 선 배합 성분들을 70~80℃로 가열 용해한 상태로 섞어주어 1차 유화반응을 진행한다. 이때 에멀션 제조 믹서는 호모믹서(homogenizer)를 사용한다. 호모믹서를 사용하면 3,600 rpm으로 3분 정도로 1차 유화가 가능하다. 1차 유화된 상태에 첨가제 추출물과 향료를 차례로 투입하고 2차 유화시킨다. 이후 기포를 제거하는 탈기/탈포 공정을 거치고 여과하고 냉각한 후 용기에 충진한다. 이 방법은 전형적인 로션이나 크림을 제조하는 방법이고 마이크로나 나노에멀션을 목적으로 하면 교반 방법과 배합 온도를 조절하여야 한다.

정리

1. 화장품의 분류와 기술에 관하여 공부하였다.
2. 화장품은 피부를 깨끗하게 하고, 아름답게 하고, 보호하는 것으로 최근에는 피부 미백, 주름 개선 및 자외선 차단과 같은 기능성에 관해서도 관심이 급증하고 있다.
3. 기능성 화장품의 원료와 작용 메커니즘을 중심으로 살펴보았다.

읽을거리 클레오파트라와 화장

고대 이집트의 여왕 클레오파트라는 희대의 미녀로 알려져 있는데 사실 화장을 잘하여서 더 아름답게 보였다고 전해지고 있다. 이집트 나일강은 4대 문명의 발상지로, 나일강이 주는 풍요로 고대 이집트의 유물과 유적은 놀라울 만큼 화려하였다. 특히 이집트의 화장 기술은 기원전 1세기 무렵의 클레오파트라 시기에 절정을 이르렀다고 한다.

클레오파트라의 화장법에는 첫째, 꿀과 우유를 섞어 세안을 하고 목욕을 하였다고 한다. 특히 세안이나 목욕 후 모링가 오일 등의 오일을 즐겨 사용하였다고 하는데 이런 오일은 촉촉한 피부 유지에 도움이 되었고 강렬한 태양빛으로부터 피부를 보호하는 역할을 하였다고 한다. 피부 보습과 진정 효과를 위해 삼나무 수액으로 마사지를 하였다. 둘째, 스모키 스타일의 눈 화장을 즐겨하였는데 이는 아름다운 인상의 색조화장품이면서 종교적 목적과 이집트의 강한 햇볕에 눈을 보호하기 위함이었다고 한다. 짙은 눈썹과 화려한 스모키 눈화장에는 나무기름과 아몬드 껍질 가루와 미량의 납 성분이 포함된 콜(Kohl)을 사용하여 아이라인을 살렸고, 턱선과 볼 색상의 차이를 두어 턱선이 갸름하게 보이는 섀딩 화장법을 사용하였다고 한다. 붉은 황토 오커를 입술에 발라 오늘날의 립스틱처럼 입술이 붉게 빛나게 하였다. 셋째, 머리와 손톱 보호를 위해 천연 헤나(henna)를 사용하였다. 헤나란 Lawsonia alba를 비롯한 식물에서 추출한 염료 및 그 염료로 피부나 머리카락을 염색하는 행위를 의미한다. 헤나는 열을 내려주는 효과가 있으며, 머리카락을 코팅해 트리트먼트 효능이 뛰어났다고 한다. 또 클레오파트라는 염기성 토양을 이용해 웨이브 파마를 하기도 했고 또 머리염색과 비듬약이 적용된 화려한 가발을 착용하였다고 전해진다.

연습문제

1 객관식 기능성 화장품에 해당하지 않는 것은? (　　)

① 미백　　② 주름개선
③ 자외선 차단　　④ 다이어트

2 O, X 문제 시각 기능에 관여하고, 성장인자로 작용하는 비타민 A 레티놀은 섭취가 부족하면 야맹증에 걸릴 만큼 중요한 물질이다. 레티놀을 화장품의 원료로 피부에 바르면 주름 개선 효과가 있다.

(　　)

3 주관식 수성의 코어를 둘러싸는 지질의 이중 층으로 구성된 미세한 구형 라멜라(lamellar) 상 소포체를 무엇이라고 하는가?

8장

산, 알칼리 공업 1: 황산 및 염산 공업

앞으로 두 장에 거쳐 산과 알칼리 물질을 주제로 공부하게 된다. 이 장에서는 황산과 염산을 공부하고, 다음 장에서는 질산, 인산과 알칼리 물질로 중요한 소다회에 관하여 다룰 것이다.

1 황산 공업

독일의 과학자 유스투스 리비히(Justus von Liebig)는 1843년 '한 나라의 황산 소비량은 그 나라 화학공업의 번영 정도를 표시하는 척도가 된다'라는 말을 한 적이 있다. 황산(sulfuric acid) 공업은 그 자체가 중요한 화학공업인 동시에 여러 화학산업의 기초물질로도 대량 소비되고 있기 때문에, 황산 소비량만 보면 화학공업이 얼마나 발전한 나라인지 알 수 있을 만큼 중요하다.

1) 황산의 성질

먼저 황산이 무엇이고 어떻게 만들고 어떤 물리적 특성이 있는지 알아보자. 황산(黃酸, H_2SO_4)은 강산성의 액체 화합물이다. 중국과 일본에서는 유황(硫黃)의 산이라 하여 硫酸이라고 하며, 북한에서도 류산이라고 한다. 우리나라에서도 유산이라는 말을 쓰기도 하지만 젖산을 뜻하는 유산(乳酸, Lactic acid)과의 혼동을 피하기 위해 황산을 사용한다. 물을 제외하고는 가장 많이 제조되며, 많은 곳에 사용된다. 황산 산업이라고 하면 오래된 산업처럼 느껴지지만 지금도 매년 10% 이상 성장하는 산업이다. 2022년의 세계 황산 생산량은 2억 3100만 톤에 달하며, 151억 달러 규모로 매년 10% 이상 성장하고 있다고 한다. 황산 산업의 성장 동력은 무엇일까? 황산(유황으로 제조)은 석유화학 산업에 주로 활용되며 최근 들어서는 이차전지 양극재나 에너지 저장장치 등에 사용되는 비중이 높아지면서 새로운 수요가 창출되고 있다. 황산은 전통적으로 비료 제조, 광석 처리, 폐수 처리, 석유 정제 등에 사용된다.

황산을 고대 수메르 사람들은 비트리올이라 불렀고 중세 유럽의 연금술사들은 황산을 비트리올의 기름으로 불렀다. 산업혁명 기간 영국에서 광산업과 금속공업이 발전하면서 황산의 수요는 급증하였다. 그때까지 황산은 유리단지에서 향을 태워 그 연기를 물에 흡수시켜 만들었다고 한다. 공업적인 황산의 제조로는 1827년에 연실에서 나오는 질소 산화물을 흡수하는 흡수탑(게이-뤼삭탑)이, 이어서 1859년에는 흡수탑에서 나오는 함질황산을 다시 분해시키는 글로버탑이 창안되어 연실식(lead chamber process) 황산 제조법이 완성되었다. 그러나 제품의 농도와 순도가 낮고 납으로 만든 방, 즉 연실의 효율과 기계적인 강도가 나쁘기 때문에 이러한 결점들을 개선하려는 연구가 계속되었다. 반탑식과 탑식으로 발전했다가 19세기에 접어들면서 이산화 황을 백금 촉매하에서 산화시켜 고농도의 황산을 얻는 접촉식(contact process) 황산 제조법이 출현하게 되었다. 여기에 이용된 촉매인 백금은 값이 비싸고 피독성이 있으므로 1914년에 독일의 BASF사가 개발한 오산화 바나듐 촉매를 현재까지 사용하고 있다.

황산은 상온에서 무색의 액체로, 농도가 높아짐에 따라 점도가 증가하여 진한 황산은 유상(油狀) 액체로 된다. 발연황산은 공기 중에 노출시키면 흰 연기를 발생한다. 수분을 흡수하면 황산은 검게 변하는 경우가 많다. 약간의 점성을 띤 산성 액체이다. 물에 녹으면 발열하지만, 의외로 얼음과 혼재하면 한제(寒劑)로 사용되기도 한다. 염산과 달리 비휘발성이기 때문에 농도가 낮은 황산이라도 황산에 함유된 수분이 증발하면 농축될 위험이 있다. 삼산화 황과 물이 결합되면 $mSO_3 \cdot nH_2O$가 되는데 m=n일 때 100% 황산(H_2SO_4)이 되고, $m<n$일 때는 황산 수화물($H_2SO_4 \cdot xH_2O$)이 된다. $m>n$일 때는 황산에 과잉의 SO_3가 있는 발연황산(發煙黃酸)이 된다.

황산의 성질은 농도와 습도에 따라 크게 달라진다. 농도가 낮은 황산(질량 퍼센트 농도가 약 90% 미만)을 희황산 또는 묽은 황산이라고 한다. 묽은 황산은 강산성이다. 농도가 높은 황산(질량 퍼센트가 약 90% 이상)을 농황산 또는 진한 황산이라고 한다. 진한 황산은 오히려 산으로서의 성질이 묽은 황산보다 약하다. 그 대신 흡습성이 강하기 때문에 강한 탈수작용을 한다. 만약 유기물에 접촉하면 수소와 산소를 물 분자의 형태로 빨아들인다. 황산이 피부에 닿으면 화상을 입게 되는데, 화상을 입는 이유는 이 같은 탈수작용과 발열 때문이다. 황산은 공업적으로 제조되고 있는 산 중에서 값이 가장 싸서 좋은 원료가 되는데 주로 공업용품, 의

약품, 비료, 폭약 등의 제조와 전지의 전해액으로 사용된다. 진한 황산과 진한 질산을 혼합한 혼산과 유기물이 반응하여 나이트로화 반응을 일으킨다. 대표적인 예로 톨루엔과 반응하여 폭약제인 TNT를 제조할 수 있다.

알칼리와 반응하면 안정된 염(鹽)을 만든다. 특히 암모니아와의 염은 황산 암모늄이라고 불리며, 안정되어 있고 흡습성도 적으며 물에 잘 녹으므로 우수한 암모니아 비료로 활용된다.

황산은 대단히 산화력이 강하므로 취급하는 데 세심한 주의가 필요하다. 또 수분을 흡수하는 작용이 강하므로 이러한 성질을 이용해서 다른 산을 제조한다든지 석유·석탄가스 등의 정제 그리고 건조제 및 탈수제 등에 사용된다. 묽은 황산은 전도성이 있으며, 납축전지의 전해액으로서 비중 1.2~1.3 정도의 황산 용액(35%)이 쓰이고 있다. 진한 황산은 약한 산화력과 강한 탈수력이 있으며 물에 용해할 때 많은 열을 발생하면서 수용액이 된다. 황산은 이염기산으로 해리도는 1 N에서 약 51%, 0.1 N에서 약 59%를 나타낸다. 황산은 대부분의 금속과 반응하는데 농도, 온도, 금속의 종류에 따라 다르지만, 수소나 황화 수소, 이산화 황, 금속 황화물 또는 황산염을 생성하고, 이온화 경향이 수소보다 큰 금속들과 반응하면 금속 황산염과 수소가 발생한다.

이온화 경향 :

K > Ca > Na > Mg > Al > Zn > Fe > Ni > Co > Pb > (H) > Cu > Hg > Ag > Au

황산은 97.35%일 때 비중이 1.8415로 최고이고, 98.3% 황산의 증기압이 가장 작으며 이때 비점은 338℃로 최고이다. 황산은 그 비중으로 농도를 표시하는데 공업적으로 보메도(Baume' degree, °Be)를 사용한다. 그러나 93% 이상의 산은 농도에 따른 비중의 변화가 작으므로 이 범위 이상의 농도는 백분율로 표시한다.

유기 화합물과는 나이트로화, 설폰화, 탈수, 수화, 황산 에스터화 등 여러 가지 반응을 일으킨다. 황산은 암모니아 합성법의 실용화와 함께 비료생산의 원료로서 중요성이 높아졌다. 인광석의 분해와 황산암모늄 제조용이 주된 용도이었으나 최근에는 공업의 다양화로 비료용보다 다른 공업용에 생산량의 2/3가 쓰이고 있다.

진한 황산을 가열한 것을 열농황산이라고 한다. 290℃ 이상에서 진한 황산은 물과 삼산화 황으로 분해되고, 삼산화 황은 산화력을 가지고 있다. 이 때문에 열농황산은 강한 산화제로 사용되며, 이온화 경향이 작은 구리나 은과도 반응한다. 또, 탄소와 같이 비금속에도 반응한다. 발연황산을 사용하면 유기물과는 설폰화 반응을 한다. 계면활성제인 알킬벤젠 설폰산 소듐이 설폰화 반응으로 만드는 데 가장 많이 사용되는 음이온 계면활성제 중의 하나이다.

2) 황산의 제조

일반적으로 10 *M* 황산은 물에 98% 진한 황산을 같은 양만큼 서서히 가해줌으로써 만들게 되는데, 이때 온도가 80℃까지 상승한다. 황산 제조공정은 각종 원료로부터 이산화 황 제조공정, 이산화 황을 삼산화 황으로 산화하는 전화공정, 삼산화 황을 진한 황산에 흡수시키는 흡수공정 등 3개 공정으로 되어 있다. 이 3개 공정 중 전화공정에서는 촉매의 종류에 따라 반응의 형식, 장치의 종류 및 제품의 품질 등이 달라진다. 기체 촉매(산화 질소)를 사용하여 산화하는 방식을 질산식(연결식)이라고 하며, 고체 촉매(V_2O_5)를 사용하여 산화하는 방식을 접촉식이라고 한다. 질산식 제조법은 장치의 형식에 따라 연실식, 반탑식, 탑식 등 3종류로 세분화할 수 있다.

황산을 제조하는 과정은 크게 원료인 황의 확보에서 시작하여, 황의 산화 반응을 통한 SO_2 가스의 합성, 이를 사용한 황산의 제조로 구성된다.

황산 제조를 위해 사용되는 원료는 황, 황화철광, 석고 및 부생 황화 수소와 같은 천연자원과 금속제련 폐가스 중 SO_2, 석유정제 폐가스 중 H_2S, 석유정제 폐산 슬러지(acid sludge), 산화 타이타늄 제조 시의 폐황산 및 철강세척 폐황산 등과 같은 다른 공업의 부산물 혹은 폐기물 등이 있다. 주된 원료는 황과 황화철광이었지만 최근에는 금속제련 및 석유정제 시에 부생하는 폐가스가 주된 원료로 변하였다.

노란색의 순수한 황은 옥타유황(octasulfur, cyclo S_8)과 같은 다원자체로 존재하는데 미국의 루이지애나주 및 텍사스주, 이탈리아의 시실리섬 등이 주산지이고,

일본과 멕시코 등지에서도 산출된다. 미국의 경우 황은 지하 400~2,000 ft 깊이의 석고나 석회석 층에 함께 있고, 그 상부는 모래층과 점토층이 있다. 채굴 방법으로는 Frasch 법이 있는데, 이 방법은 과열 수증기를 압입시켜 고압 중의 황을 용융시키고, 그것에 고압의 압축공기를 주입하면 용융된 황은 파이프를 통해서 상부로 흘러나오게 된다. 이와 같은 방법으로 얻은 황의 순도는 99.5~99.9%이다.

황화물이나 황산염의 형태로 존재하는 황은 제련을 통해 추출하여야 한다. 황철석(FeS_2, pyrite)에서 황의 이론 함량은 53.46%이나 자연산 황화철광은 구리를 비롯하여 비소나 그 밖의 규산염 등이 함유되어 있으므로 황 함량이 적다. 보통 원료로 이용되는 것은 42~43%의 광석이다. 황철석은 겉보기에 금을 닮아서 바보금이라고도 불린다. 황철석 중에서 구리를 함유한 것을 황동광($CuFeS_2$, chalcopyrite)이라고 하며 황 함량은 25~35%으로 적은 편이다. 황을 원료로 이산화 황을 제조할 때는 황의 융점인 120℃ 보다 더 높은 159℃ 이상으로 가열하면 황이 중합되면서 점도가 커지고 이를 황 버너로 연소시킨다. 연소로 온도는 700~1150℃이며 열교환기로 폐열을 회수하고 합성된 SO_2는 제진기를 통과한 후 전화기로 송부하는데, 이때의 온도는 약 500℃이다. 그밖에 석유정제 시 부생되는 폐산 슬러지를 연소하여 얻거나 중유를 사용하는 화력발전소의 배출가스에서 SO_2를 분리해내거나, 강철공장에서 황화철광을 포함한 철광석을 코크스와 함께 500~600℃로 배소함으로써 얻어지는 SO_2 등을 황산 제조에 이용하고 있다. 최근에는 석유를 정제할 때 발생하는 H_2S를 연소하여 SO_2로 만들어 황산 제조 원료로 사용하기도 한다.

지금부터는 황산을 제조하는 방법에 대하여 알아보겠다.

18세기 영국에서는 광산업과 금속 공업이 급속히 발전하면서, 황산의 수요가 증대하였다. 그때까지 황산은 주로 종(bell) 모양의 유리 단지에서 황을 태워 그 연기를 물에 흡수시켜 만들었으나, 이후 1737년 영국의 조슈아 워드(Joshua Ward)와 존 로벅(John Roebuck)이 유리 용기 및 납 단지를 여러 개 사용하여 대량으로 황산을 만들어 팔았다. 이 방법으로 황산 가격은 20분의 1로 내렸으나, 늘어나는 수요를 따라가기는 역부족이었다. 이리하여 황산은 수공업 규모에서 연실법(鉛室法)이라는 방식으로 공업적 규모로 바뀌게 되었다. 비싼 유리 대신에 값이 싸고 어떠한 크기로도 만들 수 있는 납 용기를 사용할 것을 착안하여 연실법에 의한 황산 공장이 가동되기 시작하였다. 이 무렵 영국 산업혁명의 추진력이 되었던 직물공업의 생산량은 폭발적으로 증가하기 시작하였으며, 1754년 에든버러 대학의 직물표백과정에 묽은 황산을 쓰는 방법을 소개하였다. 황산은 값이 싼 데다 품질이 항상 일정하여서 이 방법은 곧 보급되었고, 표백 시간이 며칠에서 반나절로 단축되었다.

연실식에 의하여 황산을 제조하는 공정에서는 탈질과 생성공정(글로버탑), 생성공정(연실), 포질공정(게이뤼삭탑)의 3대 공정과 장치가 있다. 이 방식으로 생성되는 제품에는 연실황산과 탑황산의 두 종류가 있다. 연실은 크기에 비하여 능률이 낮고 기계적 성질이 나쁘므로 연실 대신에 탑을 이용하는 Petersen식과 반탑식을 거쳐 탑식으로 발전하였다. 연실식은 제품의 농도가 낮고 불순물이 많아 순도도 낮을 뿐만 아니라 산화 질소의 일부가 회수되지 않는 등의 결점이 많아서 더 이상 사용되지 않고 있다. 새로 건설되는 공장은 접촉식을 많이 사용한다. 이산화 황을 삼산화 황으로 전환하여 황산을 제조할 때 현재는 대부분 접촉식을 이용하고 있으며, 질산식은 거의 사용되지 않고 있다. 접촉식(Monsanto 식) 황산 제조 장치 배치도를 보면 접촉식은 이산화 황과 이것의 산화 생성물인 삼산화 황 사이의 평형에 기본을 두고 있다.

이 반응은 촉매 존재하에서 빨리 진행된다. 이 반응은 발열 반응이기 때문에 반응의 평형을 생성물 쪽으로 이동시키기 위하여 가능한 한 낮은 온도에서 반응이 진행되어야 한다. 그러나 반응 온도가 낮아지면 반응 속도가 느려져 생성물의 생성량이 적어지는 문제가 발생한다. 이러한 경우 촉매가 필요하며, 이때 촉매는 낮은 쪽의 반응 최적 온도에서 반응 속도를 빠르게 하며 생성량을 증대시킨다. 처음에는 촉매로 백금(분말)이 이용되었지만, 가격이 비싸고 피독작용과 소모율이 커 최근에는 바나듐 촉매만 이용된다. 바나듐 촉매는 오산화 바나듐에 조촉매로 황산 포타슘을 가한 후 실리카젤이나 규조토 등의 담체에 담지시킨 것이다.

이 외에도 접촉식 황산 제조 공정으로 1920년 개발된 오사메식, 독일에서의 석탄을 주원료로 사용하는 루르기식, 그리고 미국에서의 몬산토식 등이 상용화되었다.

2 염산 공업

1) 염산의 성질과 용도

염산은 염화 수소(HCl)의 수용액으로 무색투명하고 부식성이 매우 강한 물질이다. '염화수소산'이라고도 한다. 염화 수소는 염소 원자와 수소 원자가 공유 결합한 화합물이다. 염소 원자의 전기음성도는 수소보다 훨씬 커서 염화 수소 분자는 강한 극성을 띠게 된다. 극성이 강하기 때문에 물에 잘 용해되는데, 그 수용액이 바로 염산이다. 염산은 가장 널리 이용되는 강한 산 중의 하나이다. 염화 수소는 메탄올, 벤젠, 에터와 같은 다른 용매에도 잘 용해되며, 이 용액들도 여러 화학 반응에 대해 산-촉매 역할을 수행한다. 염화 수소는 산의 특성을 강하게 지니므로, 인체에 매우 유해하며 습한 환경에서는 습기에 염화 수소가 녹아 염산이 생성될 수 있으므로 주의해야 한다. 이런 특성으로 염산은 산성비의 원인 물질이 되며 산성비는 여러 가지 건축물을 부식시키거나 토양을 산성화한다. 이것이 바로 염산의 극성 성질과 물에 잘 녹는 특성 때문에 발생하는 현상이다. 대표적인 강산 중 하나로 물로 많이 희석한 '묽은 염산'을 이용한다.

염산은 위에서 분비되는 위산의 주요 성분이기도 하다. 예를 들어 인간이 먹은 음식물은 식도, 위, 소장, 대장 등 길고 많은 소화기관을 거치게 된다. 이처럼 음식물을 모두 소화시키고 흡수하는 데 꽤 많은 시간이 걸리기 때문에 몸속에서 음식물이 상할 수도 있다. 이러한 결과를 막기 위해서 위산이 나온다고 한다. 위산은 pH 2 정도의 강한 산성을 띤 환경을 만들어, 음식물이 들어왔을 때 세균을 죽이고, 음식물이 부패하지 않도록 도와주는 역할을 한다. 염산의 세계 시장 규모는 2022년 기준 5억톤 정도이고, 이 시장도 매년 5% 이상 성장을 보이고 있다. 염산 시장의 성장을 주도하는 중요한 요인은 석유 및 가스 산업의 수요 증가와 철강산업에서의 산세척 수요 증가이다. 철강산업의 산세척은 무기 오염 물질, 얼룩, 녹 또는 스케일과 같은 불순물을 제거하기 위한 공정이다. 주로 38%의 포화 농도의 염산을 생성하고 사용한다. 40% 또는 그 이상의 농도도 가능하지만, 증발이 심하게 많아서, 이 고농도의 염산은 고압 또는 저온 상태에서 주로 생성되고 거래된다. 대량 생산 또는 산업적 생산으로는 보관과 이용이 간편한 30~34%의 염산을 주로 사용한다. 미국에서는 10~12% 농도의 묽은 염산을 청소용으로 사용하고, 영국에서도 소금의 혼이라고 불리는 비슷한 농도로 사용한다.

염산의 성질은 다음과 같다. 염산은 보통 무색이며, 농도 35% 이상의 염산을 진한 염산이라고 한다. 진한 염산은 습한 공기 중에서 두드러지게 발연하고 자극적인 냄새가 나는 용액이다. 일염기산으로 전형적인 강한 산이다. 공업용 염산은 염화 철 등을 포함해 황색을 띠고 있다. 시중에서 판매되는 것은 37.2%, 비중 1.190이다. 이것은 100 g 내에 있는 염화 수소의 그램수로 약 12 N 농도이다. 염산 10% 이하를 묽은 염산이라고 한다. 1기압에서는 일정한 끓는점 108.584℃를 가지고 있다. 20.24%에서 물과 공비혼합물을 만들기 때문에, 농도에 관계없이 끓는점은 차차 올라가며, 이 온도에서 증발분과 잔류분이 같아진다. 염산 자체가 폭발하지는 않으나 염산에서 생성된 수소는 폭발할 수 있다. 이온화 경향이 큰 알칼리 금속이나 알칼리 토금속과 염산이 반응하면 금속이 부식하면서 수소 기체가 많이 발생하고 온도가 높은 상황에서는 폭발할 수도 있다. 이온화 경향이 작은 은·수은·금·백금 등과는 반응하지 않으나, 구리·철·니켈 등과 가열하면 녹는다. 금속의 산화물은 일반적으로 반응하여 염화물이 되지만 비금속과는 거의 작용하지 않는다.

염산의 여러 가지 성질

- 진한 염산: 비중 1.18
- 염화 수소 기체가 약 35% 녹아 있는 수용액
- 시약병을 딸 때 흰 연기 발생: 물에 녹아 있던 염화 수소 기체가 공기 중 수분과 만나 작은 염산 방울을 만들기 때문
- 암모니아와 만나 흰 연기: 염화 암모늄
- 이온화 경향이 큰 금속과 반응 시 수소 기체 발생

$$K + HCl \rightarrow KCl + H_2$$

- 이온화 경향이 작은 수은, 금, 백금, 은 등과는 반응하지 않는다.

- 구리, 철, 니켈 등과는 과열 시 이들 금속을 녹인다.
- 금속 산화물은 염산과 반응하여 염화물이 된다.

염산의 용도 각종 시약으로 중요하게 사용된다. 또, 무기 약품, 염료·의약품의 제조, 녹말의 당화 등에도 사용되나 가장 소비량이 큰 용도는 글루탐산 나트륨·간장 등 아미노산 조미료의 제조이다. 아미노산 조미료는 식품공업에서 사카린, 감미료, 미원이나 간장의 원료이다. 화학공업에서는 VCM 제조 시 사용되기도 하고 부생으로 얻기도 한다. 염료나 전해소다를 만들 때도 사용되고 철강산업이나 용수, 폐수 처리 시에 사용되고 있다. 고농도의 염산은 다량의 증기가 발생하며 이는 눈, 피부, 창자 등의 생체 조직에 손상을 입힐 수 있으므로 사용 시에는 보호장구를 반드시 착용하여야 한다. 염산을 과망가니즈산 포타슘이나 하이포염소산 소듐 등에 섞으면 유독한 염소 기체가 생성된다.

2) 염산의 제조

염산은 800년경 연금술사 자비르 이븐 하이얀(Jabir ibn Hayyan, Geber)이 소금과 황산을 반응시키는 과정에서 처음 발견되었다. 자비르 이븐 하이얀는 염산 외에도 다른 많은 물질을 발견하고, 20권이 넘는 자신의 책에 기록하였다고 한다. 중세 시대에 염산은 유럽인들에게 '소금의 혼(spirits of salt)'이라고 알려졌다. 오늘날에도 영국에서는 가정 청소용 염산을 소금의 혼이라고 부른다고 한다. 기체 상태의 염화 수소는 'marine acid air'라고 불렸다.

염산은 공업적으로 염소와 소금물을 전기분해 하여 가성소다를 만들 때 얻어지는 수소 기체를 직접 반응하여 합성한 염화 수소를 물에 흡수시켜서 만드는데, 이것을 '합성 염산'이라 한다.

$$H_2 + Cl_2 \rightarrow 2\ HCl + 44.12\ kcal$$

이 반응은 폭발적인 발열 반응이고 반응이 1300 ~ 1400℃ 유지되는 상태로 진행되므로 매우 주의를 기울여야 하는 반응이다. 연소탑에서 합성된 염화 수소 기체에 냉각수를 넣어 액체 상태의 염산 수용액이 만들어진다.

또 염화 소듐과 황산을 반응시켜서 얻는 방법도 있다. 이 방법을 만하임 공정이라고 한다. 17세기 독일 카를슈타트 암마인의 요한 루돌프 글로버가 염화 소듐과 황산을 반응시켜 황산 소듐을 얻는 만하임 공정에서 염화 수소 기체를 만들어 냈다.

$$2\,NaCl + H_2SO_4 \rightarrow Na_2SO_4 + 2HCl$$

정작 염산의 구조가 밝혀진 것은 한참 뒤의 일인데, 1818년 영국 펜잰스의 험프리 데이비는 염화 수소가 염소와 수소로 구성되어 있다는 것을 밝혀냈다. 산업혁명 이후 염산은 여러 공정에 중요하게 사용되기 시작하였다. 염화바이닐이나 폴리염화바이닐, 폴리우레탄 등의 유기 화합물 생산과 같은 큰 규모의 공정, 그리고 젤라틴과 그 외의 식품첨가물 제조, 가죽 처리 등에도 사용되고 있다.

염소와 플루오린이 들어있는 유기 화합물인 테플론, 프레온, 클로로아세트산, PVC 등을 이용한 제법은 염산의 제조 중 가장 큰 부분을 차지한다.

염산은 여러 가지 석유화학 산업의 부생물로 생산되고 있는데 이를 이용한 합성법을 부생염산법이라 한다.

먼저 PVC의 단위체인 염화바이닐을 생산할 때 에틸렌과 염소 기체를 반응하여 합성하며 이때 부산물로 염산이 생산된다. 톨루엔 다이아이소사이아네이트(TDI: Toluene diisocyannate)나 메틸렌 다이페닐다이아이소사이아네이트(MDI: methylene diphenyldiisocyanate) 제조 시에도 부생염산이 생산된다. 국내 회사로는 경기화학에서 포타슘 비료인 황산 칼륨을 연간 90만톤 생산하는데, 이때 35% 염산 90만 톤이 부생 생산된다. 한양화학에서는 에폭시 수지 원료인 에피클로로하이드린(epichlorohydrine) 제조 시에 부생염산이 합성된다.

정리

1. 황산과 염산 산업에 대하여 알아보았다. 우리가 물질을 분류할 때 산성, 중성, 알칼리성으로 구분하는데 대표적인 산성 물질이 황산과 염산이다.
2. 황산과 염산은 흡습성이 매우 강하고 이온화 경향이 큰 금속과 반응하여 수소를 생산한다.
3. 황산 및 염산 시장의 수요는 급증하고 있다. 새로운 산업인 이차전지나 에너지저장장치가 생겨나고 철강공업이 발달하려면 부수적으로 염산, 황산과 같은 기초 산성 물질이 필요하기 때문에 새로운 수요가 창출되고 있다.
4. 황비료 제조, 광석 처리, 폐수 처리, 석유 정제, 계면활성제 합성 등에 사용되는 황산의 용도에 대하여 공부하였다.
5. 염산이 간장과 조미료와 같은 식품의 원료임을 배웠고 고분자 산업의 부생물로 대량 생산되고 있음을 배웠다.
6. 염산과 황산의 물질 특성, 제조방법, 응용산업 전반에 대하여 알게 되었다.

읽을거리 근대 유기화학의 아버지 독일의 과학자 리비히

오늘날의 과학은 제도화된 활동이다. 과학의 제도화란 과학 활동이 지속적이고 공식적인 지원을 통해 이루어지는 것을 말하는데, 과학의 제도화는 19세기에 대학에서 시작되어 20세기에는 기업과 정부로 확대되었다. 과학사 측면에서 보면 19세기 초반에 프랑스에서 과학'교육'이 제도화되었으며 19세기 중엽에 독일에서 과학'연구'가 제도화되었다고 평가하고 있다. 대학에서 과학연구가 제도적으로 정착하는 데 크게 기여한 인물이 바로 독일의 화학자인 유스투스 리비히(Justus von Liebig, 1803~1873)이다.

리비히의 아버지는 식료품과 약품을 취급했던 사람으로 직접 제품을 만들어 팔기도 했고 동시에 그는 화학실험을 좋아해 기회가 있을 때마다 염료나 약제를 만드는 일에 도전하곤 했다고 한다. 리비히는 어릴 적부터 아버지의 일을 거들었고 이에 따라 자연스럽게 화학에 친숙해질 수 있었다. 리비히는 학창 시절에 화학에 몰두한 나머지 다른 과목에서는 낙제 점수를 받았다고 한다. 리비히는 14살이 되던 1817년에 가까운 동네에 있는 약제사의 도제로 들어갔다가 1년도 못 채우고 쫓겨났는데, 약제사 몰래 실험을 하다가 화학물질이 폭발하는 바람에 쫓겨났다고 훗날 리비히가 말했다고 전해진다. 그러나 실험 때문에 쫓겨난 것은 아니고 아버지가 수업료를 낼 수 없어서 리비히가 도제 생활을 1년도 못 채우고 그만 두었다는 얘기가 더 신빙성이 있다.

리비히는 아버지의 일을 도우면서도 계속해서 화학을 공부했다. 그러던 중 우연한 기회에 본대학의 화학 교수인 카스트너(Karl Wilhelm Kastner)를 알게 되었다. 카스트너는 리비히의 재능을 알아차렸고, 리비히는 카스트너의 조수가 되었다. 리비히는 17살 때인 1820년에 본대학에 입학했으며 1년 후에는 카스트너를 따라 에를랑겐대학으로 자리를 옮겼다. 당시 대학에서는 자연철학주의(naturphilosophie)가 유행했는데, 이 사상은 추상적인 사변만으로 자연현상을 설명했으며 실험적 방법을 무시했기에 리비히는 이 사상에 불만이 많았다. 한번은 리비히가 광물분석법을 알고 싶어 카스트너 교수에게 가르쳐 달라고 요청했는데, 카스트너가 잘 모르겠다고 하자 크게 실망하고 다름슈타트에 있는 집으로 돌아왔고 화학에 대한 서적을 읽거나 폭약에 대한 실험을 집에서 진행하였다.

당시의 화학 선진국이던 프랑스나 스웨덴에서 공부하고 싶은 마음이 간절해졌을 때, 다름슈타트의 대공 루돌프 1세는 자신이 장학금을 줄 테니 외국에 가서 공부를 계속하라고 격려했고, 리비히는 1822년에 국비 장학생으로 프랑스 유학길에 올랐다. 그는 파리에서 만난 알렉산더 훔볼트(Alexander von Humboldt)의 소개로 프랑스의 소르본대학에 진학해 게이뤼삭(Joseph Louis Gay–Lussac)의 특별 조교가 될 수 있었다. 훔볼트는 당시의 독일을 대표하는 과학자이자 지식인으로서 게이뤼삭의 절친한 친구였다. 훔볼트는 독일의 사변적 철학이 실험과학을 억압하고 있다는 점을 개탄하면서 "손을 적시지 않는 과학자"에 대한 경고도 서슴지 않을마큼 실험을 중시하는 과학자였기에 리비히와 잘 맞았던 것 같다. 리비히도 자연철학주의를 "19세기의 흑사병"으로 부를만큼 자연철학주의 보다는 실험과학을 추종했다고 한다. 한편 리비히가 에를랑겐 대학을 떠난 후 상당 기간이 지났지만 카스트너는 대학에 학위 논문면제를 신청해, 1823년에 불과 19살에 리비히는 명예 박사학위를 받았다.

리비히는 소르본대학에서 정량적인 화학분석법을 배우면서 게이뤼삭의 지도 덕분에 풍부한 실험을 경험하였고 정연한 이론을 정립할 수 있었다. 1824년에 그는 뇌산 은(fulminic silver, AgCNO, 기폭제)의 조성을 분석해 과학아카데미에 발표했다. 리비히가 뇌산 은(AgCNO)의 조성을 분석하는 데 성공하자 게이뤼삭은 크게 기뻐했다. 당시 상황에 대한 리비히의 회고에 따르면 게이뤼삭의 연구실에서 보냈던 시간을 잊을 수가 없는데, 분석이 성공적이었을 때, 리비히는 스승인 게이뤼삭과 함께 춤을 추며 축하하였다고 한다. 이는 게이뤼삭도 뭔가를 발견했을 때마다 자신의 스승인 테나르(Louis Théard)와 같이 춤을 추었던 전통을 되살린 것이라고 한다. 선생과 제자가 함께 과학적 발견이라는 환희의 순간을 시간 가는 줄을 모르고 춤을 추면서 자축하는 멋진 장면이 상상된다.

리비히가 뇌산 은의 조성을 밝힌 직후에 독일의 뵐러(Friedrich Wöler)는 뇌산 은과 동일한 조성을 가졌지만 위험성이 전혀 없는 사이안화 은(silver cyannate, AgNCO)에 대해 보고했다. 처음에 두 사람은 상대방의 실험에 잘못이 있다고 생각했고, 1826년에 리비히가 뵐러를 방문해 충분히 의논하는 시간을 갖고 서로의 실험을 되풀이했지만, 결과는 이전과 같았다. 결국 두 사람의 교류로 인해 이성질체(isomer, 분자식은 동일하나 구조가 다르기 때문에 물리화학적 성질이 다른 물질: Ag−C≡N−O & Ag−N=C=O)의 존재가 확인되었고, 이 사건을 계기로 리비히와 뵐러는 매우 친해져서 평생 절친한 동료로 지냈다.

리비히는 1824년에 21세의 젊은 나이로 기센대학의 객원교수(extraordinary professor)가 되었다. 알렉산더 훔볼트의 추천에 의해 헤세 대공이 전격적으로 리비히를 교수로 임명했던 것인데 기센대학에서는 대학을 현대화하여 좀더 많은 학생을 끌어들이려는 시도였다. 리비히는 1926년 정교수가 되면서 당시 획기적인 방식으로 실험 위주의 교육을 정착시키기 위해 실험실을 확충했고, 다른 교수와 달리 실험실을 학생들에게 개방했다. 학생들이 실험에 빨리 친숙해지고 스스로 탐구할 수 있는 여건을 조성하고자 한 것이다. 리비히는 실험실 운영 방침을 민주적으로 설정하고 지켜나갔다고 한다, 리비히가 문제를 주면 학생은 스스로 연구하고 배우고 익히며, 교수와 토론하여 방향을 정하고 스스로 논문을 작성하고 자신의 이름으로 발표할 수 있도록 했다.

리비히는 매우 열정적인 사람이었고 신들린 강의를 했다고 전해진다. 또한 수시로 세미나(seminar)를 개최해 학생들이 최신 연구 성과를 숙지하고 독창적인 연구의 방향을 잡도록 지도했다. 그래서 많은 학생들이 리비히를 따르고 존경했다고 한다. 리비히의 실험실은 날로 번창했다. 1825년에는 약제학(藥劑學)에 필요한 기초 지식을 공부하려는 학생들이 대부분이었지만 1835년에는 화학을 본격적으로 연구하려는 학생들로 대체되었고 독일뿐만 아니라 세계 전역에서 학생들이 모여들었다.

심지어 자신의 전공을 바꾸어 리비히의 실험실에 온 학생들도 있었는데 예를 들어 호프만(August Wilhelm Hofmann)은 법학과에서 화학과로, 케쿨레(Friedrich Kekulé)는 건축과에서 화학과로 전공을 바꾸었다. 그들은 리비히의 지도로 정량적인 실험 과정을 체계적으로 익히면서 독립적인 연구자로 성장할 수 있었다. 정부와 대학 당국도 리비히 실험실에 대한 지원을 아끼지 않았기에, 리비히 실험실은 전문적인 화학자를 대량으로 배출하는 기관으로 자리 잡았다. 그곳을 거쳐 간 화학자는 대략 450명에 이르렀고 기센식 연구와 교육이 확산되었다. 기센대학의 리비히 박물관에는 '리비히, 근대 유기화학의 아버지'라는 현판이 걸려있다.

리비히는 유기화학을 중심으로 화학에 대한 학술지를 정비하는 작업도 추진했다. 그는 1832년부터 『약학연보(Annalen der Pharmacie)』의 편집인을 맡았고, 1840년에는 그 명칭을 『화학 및 약학 연보(Annalen der Chemie und Pharmacie)』로 바꾸었다. 일명 '리비히 연보'로 불린 『화학 및 약학 연보』는 독일의 화학을 대표하는 학술지로 자리 잡았으며, 1875년에는 『화학연보 (Annalen der Chemie)』로 거듭났다.

※ "유스투스 리비히", 과학인물백과(송성수 외, NAVER 지식백과)에서 발췌.

연습문제

1 객관식 **염산의 제조 방법이 아닌 것은? (　　)**

① 수소와 염소의 연쇄반응

② 에틸렌으로 염화비닐 모노머 합성시 부산물

③ 경기화학의 황산칼륨 제조시 부산물

④ 연실법과 글로버탑과 게이뤼삭탑 공정

2 O, X 문제 **진한 황산은 강한 산화력과 탈수력으로 물에 용해할 때 흡열 반응을 한다.**

(　　)

3 주관식 **황산 비율이 100%이고 유리 SO_3가 13~35%여서 공기 중에 노출시키면 흰 연기를 발생하는 물질을 무엇이라 하는가?**

9장

산, 알칼리 공업 2: 질산, 인산 및 소다회 공업

1 질산과 인산 공업

질산과 인산이 무엇이고 어떻게 만들고 어떤 물리적 특성이 있는지 알아볼 것이다. 이후 각 산들을 활용하는 공업에 대해서도 간략하게나마 소개할 것이다.

1) 질산

질산(窒酸, HNO_3)은 무색의 부식성과 발연성이 있는 대표적인 강산으로, 밀도는 1.50 g/cm^2(25℃)이다. 매우 강한 산이며 빛을 쬐면 분해되어 물과 이산화 질소, 산소를 만든다. 따라서 질산은 빛이 투과되지 않는 갈색 병에 넣어 보관해야 한다. 질산은 산화력이 강해 구리나 은 등을 녹일 수 있다. 진한 질산과 진한 염산을 1 : 3의 비율로 혼합하여 만든 용액을 왕수라고 하는데 왕수는 강력한 산화 용해성을 지녀 금이나 백금도 녹일 수 있다. 염산, 황산과 더불어 인지도가 가장 높은 3대 강산이다. 일본과 중국에서는 초산(硝酸)이라고 부르지만 한국에서는 아세트산(醋酸)을 초산이라 하므로 주의해야 한다.

질산은 익명의 유럽 연금술사에 의해 초석, 백반, 파란 비트리올의 혼합물을 하소하여 얻는다고 소개되었다. 17세기 독일의 글로버(Glauber)는 강한 황산으로 초석을 가열함으로써 오늘날에 쓰이는 질산을 얻는 과정을 고안하였다. 질산은 구리나 은과도 반응할 정도로 산화력이 강하다. 농도 98% 이상의 질산은 무색의 액체이고 흡습성이 강하며 연기가 난다. 빛을 쬐면 일부는 분해된다. 녹는점은 −42℃, 끓는점은 86℃인데 끓으면 일부 물과 오산화 질소로 분해된다. 비중은 1.502, 굴절률은 1.397이다. 물에 임의의 비율로 섞이므로 원하는 농도의 질산을 만들 수 있다. 금·백금·로듐·이리듐 등의 귀금속 이외의 금속과 격렬히 반응하여 수소 기체를 발생하고 질산염을 형성한다. 철·크로뮴·알루미늄·칼슘 등은 부동 상태를 만들므로 침식되지 않는다.

염산은 하수도 청소용 등으로 약국에서도 살 수 있는 가정용 화학약품이고, 황산은 자동차 배터리에서 쉽게 얻을 수 있는 반면, 질산은 일상에서 딱히 용도가 있는 것도 아닌데다 폭약 제조의 원료이기 때문에 무자격 일반인이 구매할 방법

자체가 없어 다른 두 산보다는 인지도가 떨어진다. 황산이나 염산은 금속을 넣었을 때 순수하게 수소만 발생시키지만, 질산은 특이하게 질소 산화물을 발생한다. 이것은 대부분 산에서는 수소 양이온만이 산화제로 작용하지만, 질산은 질산 음이온도 산화제로 작용하기 때문이다. 또한 진한 질산은 유기물질과 강하게 반응해서 산화시킨다. 질산과 단백질이 만나면 일부 아미노산의 벤젠 고리와 반응하여 나이트로페놀 유도체를 만들어낸다. 이를 잔토프로테인(xanthoprotain) 반응이라고 하는데 질산을 만지면 손이 노랗게 변하는 이유이다. 용액 내에 질산의 비율이 86%를 넘으면 발연질산(發煙窒酸)이라 부른다. 질산은 강한 산이기는 하지만 황산과 반응할 때는 염기로 작용한다.

이온화도는 1 N 용액이 82%, 0.1 N 용액이 93%인 1급 산이지만 진한 질산은 산으로서의 세기가 같은 농도의 염산보다는 떨어진다. 또한 진한 질산을 냉암소(冷暗所) 이외의 곳에 방치하면 햇빛 등의 작용으로 서서히 분해되어 황갈색으로 변한다. 황이나 인과 혼합해 가열하면 각각 황산과 인산을 생성해줄 만큼 강한 산화제이다.

우리나라 역사에서 고려말 왜구의 침입이 심해지자 최무선이 화약을 만들어 이들을 소탕한 적이 있다. 최무선이 화약 제조의 핵심기술인 염초 제조법을 원나라 기술자로부터 알아냄으로써 화약을 자체적으로 제조할 수 있게 되었다고 하는데 염초는 지금의 화학식으로 질산 포타슘(KNO_3)이다. 원래 중국의 4대 발명품 중의 하나인 화약은 염초와 숯, 유황을 혼합하여 만들어졌다. 유럽에서는 이 염초 초석을 인도에서 사들이다가 남미 칠레와 페루에서 대규모 광산이 발굴된 이후 칠레초석이라는 이름으로 수입되었다. 칠레초석은 식물의 3대 성장 필수호르몬인 질소, 인산, 칼륨의 질소와 칼륨을 제공하기에 비료로 사용되거나 화약, 유리 도자기, 법랑 등에 사용되며, 질산의 제조에도 활용되는데 이 방법이 그리스 하임법이다. 그리스 하임법은 천연산 칠레초석 $NaNO_3$와 황산 H_2SO_4를 복분해시켜서 질산을 얻는 방법이다.

$$NaNO_3 + H_2SO_4 \rightarrow NaHSO_4 + HNO_3$$

이 방법은 원료인 칠레초석이 부족해지면서 현재는 거의 실시되지 않고 있다.

질산을 제조하는 다른 방법으로는 전호식(電弧式) 질산 제조법이 있다. 공기 중에서 방전시켜 공기 중의 질소와 산소를 화합시켜서 산화 질소(NO) 및 이산화 질소(NO_2)를 만들고 이것을 물에 흡수시켜서 질산으로 변화시킨다.

$$N_2 + O_2 \rightarrow 2\ NO + O_2 \rightarrow 2\ NO_2$$

$$3\ NO_2 + H_2O \rightarrow 2\ HNO_3 + NO$$

이 방법도 전력 사용량이 많아 현재는 잘 사용되지 않는다.

가장 많이 사용되는 방법은 오스트발트법이라고도 하는 암모니아 산화법이다. 암모니아를 산소로 산화시킨 후 물에 흡수시켜 얻는 방법이다. 반응은 700～1,000℃에서 백금 또는 백금에 5～10%의 로듐이 포함된 촉매 존재하에서 공기 중의 산소와 암모니아를 다음 반응식에 따라 진행해 합성한다.

$$4\ NH_3(g) + 5\ O_2(g) \rightarrow 4\ NO(g) + 6\ H_2O(g) + 216\ kcal$$

$$2\ NO + O_2 \rightarrow 2\ NO_2 + 26.9\ kcal$$

$$3\ NO_2 + H_2O \rightarrow 2\ HNO_3 + NO + 32.3\ kcal$$

실험실에서는 질산 소듐 또는 질산 포타슘에 진한 황산을 가하고 가열하여 합성한다.

$$2\ NaNO_3 + H_2SO_4 \rightarrow 2\ HNO_3 + Na_2SO_4$$

$$2\ KNO_3 + H_2SO_4 \rightarrow 2\ HNO_3 + K_2SO_4$$

이산화 질소를 물에 흡수시킬 때는 반응 속도가 느려서 많은 흡수탑(吸收塔)이 필요하다.

① $4\ NH_3 + 5O_2 \rightarrow 4\ NO + 6H_2O$

② $2\ NO + O_2 \rightarrow 2\ NO_2$

③ $3\ NO_2 + H_2O \rightarrow 2\ HNO_3 + NO$

구체적인 공정에는 전체 공정을 가압하에서 반응을 진행하는 가압식, 흡수공정 또는 산화공정만을 가압시키는 반가압식, 전 공정을 상압(常壓)에서 행하는 상압식 등이 있다. 이렇게 얻은 질산의 농도는 가압법 및 반가압법에서는 60~70% 정도, 상압법에서는 50% 정도이다. 질산의 최고공비점(azeotropic point, 불변 끓는점)이 68%이므로 가열하여 68%까지는 농축시킬 수 있지만 그 이상의 진한 질산을 바로 합성할 수는 없다. 진한 질산을 만들기 위해서는 탈수제로 진한 황산을 가해 수증기를 증류하면 98% 이상의 것을 제조할 수 있다. 이 방법을 Pauling 법이라고 한다. 또 다른 방법은 질산 마그네슘($Mg(NO_3)_2$, 70~72%)을 가해서 탈수 농축하는 Maggie 법으로 진한 질산을 얻을 수 있다.

질산은 질산 암모늄 등 비료의 제조에도 쓰이지만, 주요 용도는 화약의 주원료이다. 글리세롤과 톨루엔의 질산화 반응으로 나이트로글리세린과 트라이나이트로톨루엔(일명 TNT)을 만들며 TNT 이전의 화약인 나이트로셀룰로오스, 피크르산(트라이나이트로페놀) 역시 질산이 주원료이다.

그 외에도 질산은 아민류와 격렬히 반응하여 분해하기 때문에 로켓의 추진제(산화제)로 사용된다. 이때 보통 질산에 반응성을 높이기 위한 사산화 이질소(N_2O_4)와 로켓 추진제 계통의 부식을 억제하는 플루오린화 수소산(HF) 등을 섞으며 이를 흔히 IRFNA(Inhibited Red Fuming Nitric Acid)라고 한다. 질산은 빠른 속도로 증발하는 액체 산소와는 달리 저장성이 높으며, 로켓 추진제 계통의 내식성 코팅이 잘 되어 있으면 심지어 로켓에 충전한 상태로도 오랜 기간 보관할 수 있다. 이 때문에 군용 로켓(탄도 미사일)의 연료로 선호되고 있다. 질산 추진제를 사용하는 대표적인 로켓으로 SS-1 스커드를 들 수 있다. 질산 계열 추진제는 하이드라진(hydrazine, N_2H_4) 연료의 등장 이후 질산보다 순수 사산화 이질소를 쓰는 게 추진력 면에서 더 우수하여 대부분의 로켓 강국들이 해당 분야에서 사산화 이질소를 채택하고 있다. 최근 북한이 직접 개발한 노동 5호, 대포동, 은하 2호 등과 같은 로켓의 1단은 질산 추진제를 사용하고 있다.

질산은 의약 분야의 수렴제(收斂劑) 등에도 사용된다. 극약이며 피부·입·식도·위 등을 침식한다. 또한 발연질산을 흡입해도 기관이 상하며 폐렴이 될 위험이 있으니 실험실에서도 취급 시 주의를 필요로 한다. 대기 중의 허용농도는 10 ppm이다. 발연질산은 이산화 질소를 함유하는 진한 질산 용액이며 진한 질산에 황산을 고온에서 작용시켜 생긴 이산화 질소를 진한 질산에 통하든지, 진한 질산에 유기성 환원제(還元劑)를 소량 가해서 제조한다.

2) 인산

인산(燐酸, phosphoric acid)은 무기 산소산의 일종으로, 화학식은 H_3PO_4이다. 인산은 산 자체와 PO_4^{3-} 이온을 동시에 가리키기도 하며, 대체로 화학에서의 인산은 산으로서 인산을 포함하는 산성 반응물을 가리킨다. 한편 생명체에서 인산은 대체로 PO_4^{3-} 이온을 나타내는데, 생체 내에서 다수의 물질과 결합하여 인산이 포함된 화합물을 구성하고 있으며, DNA 사슬에 포함된 인산이 대표적이다. 다수의 인산이 결합한 것은 P_2O_5가 수화(水和)하여 생기는 일련의 산 $mP_2O_5 \cdot nH_2O$(P_2O_5 m개와 H_2O n개 붙어있는 산)의 총칭을 말한다. 메타인산·피로인산·오쏘인산·삼인산·사인산 등으로 불리고, 메타인산의 중합으로 생기는 폴리메타인산의 계열도 있으나, 일반적으로는 오쏘인산(H_3PO_4)을 가리킨다. 인산은 무색무취의 점성도가 큰 액체이며, 농도가 높아지면 결정화하기 쉽다. 녹는점 42.35℃, 비중 1.834이다. 물에 잘 녹아들어 가는 조해성(潮解性)이 있고, 100 g의 물에 20℃에서 542 g 녹는다. 비휘발성이며 가열하면 피로인산이나 폴리인산이 되고, 더 가열하면 인산 세 분자가 축합하여 환 형태를 이루는 메타인산($H_3P_3O_9$)이 된다. 인산은 알코올에도 녹고 금속이나 그 산화물을 격렬하게 침식한다. 실험실에서는 인을 산소 또는 공기 중에서 연소시켰을 때 생기는 오산화 인을 물과 작용시키거나, 적린(붉은빛의 P_2O_5)과 진한 질산(HNO_3)을 반응시켜 만들게 된다.

공업적으로는 원소 상태의 인의 연소와 수화(水化)에 의해서 만드는 건식법(乾式法), 인광석의 황산 분해로 만드는 습식법(濕式法)으로 크게 나뉜다. 건식법은 인광석을 환원하여 원소 인을 만들고 이 인을 공기로 산화하여 P_2O_5로 전환한 후 물을 흡수하여 인산을 만드는 방법이다. 이 방법은 전기로나 용광로에서 인광석을 규석이나 규사(硅砂)와 함께 무연탄을 써서 환원하여 기체 상태인 인을 만들고, 이것을 공기 또는 과열 수증기로 산화한 다음 물에 녹여서 인산으로 만드는 방식이다. 건식법 인산은 전기로에서 나오는 인의 증기를 한 번 응축시킨 다음 다시 인산 플랜트에서 처리하는 2단 법을 사용하여 제조한다. 습식법에서 인산은 인광석을 황산이나 염산으로 산분해하여 생성된 석고를 여과하여 만든다. 여과된 석고는 인산 석고라고 하며 시멘트, 플라스터, 도자기용에 사용되고 석고를 얻는 방법에 따라서 도르식과 Nordengren 방식이 있다. 반응식은 다음과 같다.

$$CaF_2 \cdot 3\ Ca_3(PO_4)_2 + 10\ H_2SO_4 + 20\ H_2O \rightarrow$$
$$6\ H_3PO_4 + 10\ (CaSO_4 \cdot 2\ H_2O) + 2\ HF$$

인산은 인안(燐安)·황인안(黃燐安)·황가인안(黃加燐安)·중과인산석회 등 인산 비료로 사용되는 중요한 물질이다. 식물이 성장하려면 질소, 인산, 포타슘의 3대 필수 영양소가 있어야 한다. 산업혁명 후 인구가 급증하면서 인류는 식량 문제에 직면하였다. 유럽에서는 남아메리카 칠레와 페루의 남태평양 접경지의 원주민들이 새의 똥이 퇴적된 구아노라는 물질을 비료로 사용하는 것을 알고 이것이 인을 함유하는 인광석임을 알게 되었다고 한다. 구아노는 오래된 박쥐 동굴이나 펭귄 서식지에서도 발견되며 남태평양의 섬에도 오랫동안 쌓인 철새의 똥이 퇴적되어 큰돈이 되기도 하였다.

방청 피막에 대하여 알아보면 철이나 알루미늄은 쉽게 산화되어 녹이 슬게 된다. 그런데 표면을 묽은 인산과 화학적으로 반응시켜 금속 표면을 난용성의 결정질 인산염으로 만들면 부식이 발생하지 않게 된다. 망가니즈나 아연 같은 금속도 마찬가지로 방청 시 수명이 급속히 늘어난다. 이 인산염 피막 처리 방청 기술은 1915년 미국 파커 러스트-프루프(Parker Rust-Proof)에서 발명하여 파커라이징(Parkerizing)이라는 별칭으로 불리고 있다.

인산은 부식억제제, 공업용 세척제, 가축 사료용 영양제, 식품 가공, 유기 화학 반응의 촉매, 염색공업이나 인산염 제조원료, 식품가공이나 의약품, 수처리제 등 활용 범위가 매우 넓다. 일반적으로 생체 내에서는 인산 형태로, 생물계에서는 인산염 또는 인산 에스터의 형태로 핵산·인단백질·인지질 등 생체의 주요 구성성분으로 존재한다. 고에너지 인산 결합을 만들어 에너지 운반체의 구실을 하는 등 생화학상 중요한 역할을 한다.

2 소다회 공업

1) 소다회

소다회는 탄산 소듐 무수물(Na_2CO_3, sodium carbonate, soda ash)의 공업명으로 수산화 소듐(가성소다)과 함께 소다 공업의 2대 제품 중 하나이다. 탄산 소듐이 99% 이상 함유된 무수물 소다회를 무수탄산 소듐이라 하며, 이것들은 백색 분말이거나 입상을 지니고 있는데 흡습성이 강하고 약알칼리성을 띤다. 무수탄산 소듐 이외에도 중회(비중 1~1.2의 dense ash), 경회(비중 0.5의 light ash), 세탁소다($Na_2CO_3 \cdot 10H_2O$), 중조(Baking soda, $NaHCO_3$), 세스퀴 탄산소다($Na_2CO_3 \cdot NaHCO_3 \cdot 2H_2O$), 가성화 회($Na_2CO_3 \cdot NaOH$)가 모두 소다회 제품이다. 하소로(煆燒爐)에서 제조된 그대로의 소다회를 라이트회(light ash) 또는 경회(輕灰)라고 하고, 이것에 물을 끼얹어 다시 하소한 소다회를 덴스회(dense ash) 또는 중회(重灰)라고 한다. 이 외에도 소다회의 파생 상품으로 과탄산소다($Na_2CO_3 \cdot 3\ H_2O_2$)와 가성소다(NaOH)가 있다.

탄산염 소듐이 함유된 천연광물은 소듐이 풍부한 땅에서 자란 식물의 재(ash)인데, 미국 와이오밍주 green river나 캘리포니아주 searles호, 그리고 케냐 등지에서 생산된다. 천연소다회에는 탄산 소듐 함량이 광물의 종류에 따라 다른데 토로나($Na_2CO_3 \cdot NaHCO_3 \cdot 2H_2O$)는 70.4%, 써모나트라이트($Na_2CO_3 \cdot H_2O$)는 85.5%, 나콜라이트($NaHCO_3$)는 63.1%, 치소나이트($Na_2CO_3 \cdot CaCO_3 \cdot 2\ H_2O$)는 48.8%, 나트론($Na_2CO_3 \cdot 10\ H_2O$) 37.1%, 가이루사이트($Na_2CO_3 \cdot CaCO_3 \cdot 10\ H_2O$) 35.8%, 쇼타이트($Na_2CO_3 \cdot 2\ CaCO_3$) 34.6%, 행크사이트($2\ Na_2CO_3 \cdot 9\ Na_2SO_3 \cdot KCl$) 13.6% 등이다. 천연광물인 트로나가 세스퀴 탄산소다이지만 탄산 소듐 수화물에 이산화 탄소를 반응시켜 합성하기도 한다.

소다회의 가장 중요한 활용처는 유리공업으로 병유리와 판유리 제작에 전체 소다회의 60%가 사용된다. 유리의 조성은 SiO_2 60～70%, CaO 5～15%, 소다회 10～20%로 유리공업의 90%가 소다–석회 유리이다. 국내의 소다회는 크로뮴산 소다, 붕사 등의 제조와 하이포염소산염 등 할로젠화 화합물의 제조 등에 13.6% 활용되고 지방산 중화, 합성세제, 그리고 산소계 표백제의 비누 및 세제 공업에 6%, 식품 첨가제, MSG 글루탐산 소듐과 간장, 고추장의 장류 제조, 섬유, 염직 공업, 제련, 피혁 공업 순으로 활용되고 있다. 소다회는 탄산 소듐, 물유리 등의 소듐염 제조, 탄산 마그네슘 등의 탄산염 제조, 염료·향료·의약품·농약 등 유기 화합물 합성용, 양모 등의 세척과 종이·펄프 제조와 고무의 재생 등에도 활용되는 등 그 용도가 대단히 넓다고 할 수 있겠다.

2) 소다회 생산 공정

소다회의 대량 생산은 르블랑 공정으로 시작되었다. 이 공정은 산업혁명 중에 탄산 소듐을 생산하기 위해서 만든 공정이다. 1단계로 소금과 황산의 반응으로 염산과 무수망초(Na_2SO_4)를 만들고, 2단계로 이 황산 소듐 무수망초가 고온(900℃)에서 탄산 칼슘 및 코크스와 반응하여 합성된다. 탄산 소듐(45%), 황화 칼슘(30%), 미반응 코크스(25%)의 흑회가 되며 이를 35℃의 물에 침출시켜 green 용액 탄산 소듐 용액을 만들고 증발하여 탄산 소듐 수화물($Na_2CO_3 \cdot H_2O$)을 석출, 분리, 탈수하면 소다회가 얻어진다. 이 방법은 CaS, 석회 등의 염기성 슬러지가 얻어지고 산성비를 유발하는 환경오염을 유발한다고 하여 현재는 1단계 황산나트륨 생산까지만 진행하고 있다.

이후에 개발된 솔베이 공정(Solvay process)은 에르네스트 솔베이가 1861년 개발한 염화 소듐과 탄산 칼슘으로 염화 칼슘과 탄산 소듐을 생성하는 혁신적인 공정이다. 암모니아–소다법에 의하여 만들어진 탄산수소 소듐(중조)을 노(爐)에서 하소하여 이산화 탄소와 물을 제거하면 탄산 소듐이 생겨난다. 이 중조는 소금물, 암모니아, 이산화 탄소를 반응시켜 얻게 되는데 부산물로 염화 암모늄(NH_4Cl)이 얻어진다. 석회석으로 석회유와 이산화 탄소를 분해시켜 이산화 탄소는 공급되고 염화 암모늄이 석회유와 반응하여 암모니아를 만들어 이 암모니아를 원료로 사용하였으므로 결과적으로 석회석을 소금물에 에너지를 가해서 반응시켜 소다회를 만들게 되는 것이다.

솔베이는 이 방법으로 많은 돈을 벌어서 물리와 화학 분야의 최고 석학들의 학술모임인 솔베이 회의를 개최하여 세계 과학 발전에 크게 이바지하였다. 이 획기적인 방법은 100년이 넘은 전 세계적으로는 지금도 효율적으로 활용되는 합성 소다회 제조 방법이다. 천연에는 탄산소다 염이 존재하여 솔베이에서는 소금물에서 출발하지 않고 바로 탄산소다 염에서부터 출발하여 얻는 소다회를 천연소다회라 하고 있다.

우리나라에서는 1968년 인천 동양화학에서 솔베이 공정으로 연산 6만 5,000톤 규모의 소다회 제조공장이 건설되어 소다회와 부산물로 제설제에 사용되는 염화포타슘, 그리고 표백제로 사용하는 과탄산소다를 생산하였으나 동양화학의 생활용품 부분은 옥시를 거쳐 벤카이저에 매각되고 소다회와 탄산 칼슘 라인은 OCI 쪽으로 분리되었다. OCI에서 2004년 인천 공장에서의 소다회 생산을 중단하고 미국 와이오밍에 위치한 OCI 현지법인에서 천연소다회를 직접 생산 중이라고 한다.

정리

1. 질소와 인은 식물 성장이나 수확에 직접적인 영향을 주는 필수요소로, 질산염과 인산염은 비료 공업에 활용된다.
2. 질산은 폭약제 재료인 나이트로 화합물을 만드는 필수 원료이다.
3. 인산의 산업적 응용으로 철과 같은 금속에 인산도금을 하면 녹슬지 않고 오랫동안 상태를 유지할 수 있다.
4. 솔베이법으로 소다회를 합성하는 방법과 유리공업에 없어서는 안 되는 소다회에 관하여 공부하였다.

솔베이 회의(Solvay conference)는 20세기 과학발전의 획기적 전기가 된 매우 중요한 물리학과 화학을 위한 국제적 학술회의이다. 소다회를 생산하는 솔베이 공정으로 엄청난 재산을 모은 벨기에의 기업가인 어네스트 솔베이가 물리학과 화학을 위한 국제 솔베이 기구(International Solvay Institutes for Physics and Chemistry)를 1912년 브뤼셀에서 세웠다. 이 기구는 1911년 솔베이 회의(Conseil Solvay)의 성공에 힘입어 세워졌다. 솔베이 회의는 세계 최초의 물리학 학회이며 초청자로만 구성되었다. 이 기구는 학회와 워크숍, 세미나, 콜로키엄을 주관한다.

솔베이 회의는 물리학과 화학의 중요한 미해결 문제를 위해 1911년 개최되었다. 이 학회는 3년마다 열린다. 가장 유명한 솔베이 회의는 1927년 10월 브뤼셀에서 열린 전자와 광자에 대한 다섯 번째 솔베이 국제회의일 것이다. 세계에서 가장 주목받을 만한 이 물리학 토론은 양자 역학에 대한 토대를 명확히 하였으며, 이 토론에서 주축이 된 인물은 아인슈타인과 보어였다. 아인슈타인은 하이젠베르크의 불확정성 원리에 큰 반대를 하였고, "신은 주사위를 던지지 않는다."라는 말을 남겼다. 이에 대해 보어는 "아인슈타인, 신에게 명령하지 마세요."라는 말로 답하였다고 한다. 다섯 번째 솔베이 회의 참석자 29명 중의 17명은 노벨상을 받았으며, 마리 퀴리는 이들 중 유일하게 두 가지 부문에서 수상하였다.

1911년에 열린 첫 번째 솔베이 회의
참석자: 네른스트, 브링루앙, 솔베이, 로렌츠, 와부르, 페렝, 빈, 퀴리 부인, 푸앵카레, 골드슈미트, 플랑크, 하인리히 루벤스, 아르놀트 조머펠트, 프레데릭 린더만, 드브로이, 쿤젠, 하젠욀, 올슈텔레, 헤르첸, 진스, 러더퍼드, 온네스, 아인슈타인, 랑제방.

1927년에 열린 다섯 번째 국제 물리학 솔베이 학회
참석자: 피카르, 앙리오트, 에렌페스트, 헤르젠, 드 동데르, 슈뢰딩거, 버샤펠트, 파울리, 하이젠베르크, 파울러, 브릴루앵 디바이, 크누센, 브래그, 크라머르스, 디랙, 콤프턴, 드 브로이, 보른, 보어 랭뮤어, 플랑크, 퀴리, 로런츠, 아

연습문제

1 객관식 **소금물과 석회석의 반응으로 소다회를 합성하는 공정을 무엇이라 하는가?**

① 솔베이법

② 오스트발트법

③ 파커 러스트-프루프법

④ 르블랑법

2 O, X 문제 **오스트발트법으로 98% 이상 순도의 질산이 합성된다.**

(　　　)

3 주관식 **강철은 산소에 노출되면 산화되어 녹이 슬기 쉽다. 이를 막기 위한 인산염 피막 처리법을 무엇이라고 하는가?**

10장

암모니아, 비료 공업

1 암모니아 공업

1) 암모니아의 특성과 제조

암모니아(ammonia)는 NH_3의 화학식을 갖는 질소 원자를 포함하는 화합물로, 식물체에 대한 질소 공급원으로 매우 유용하게 쓰이는 물질이다. 식물은 토양과 공기 중으로부터 재료들을 흡수하고, 흡수한 재료들을 이용해 필요한 유기물을 합성하는데, 단백질을 합성하는 데에 질소가 꼭 필요하다. 식물은 공기 중의 질소를 직접 흡수할 수는 없고 뿌리를 통해 물관으로 질소 화합물을 흡수하므로 토양이 척박해지면 질소가 부족한 경우가 많았다. 그래서 공업적으로 질소를 수소와 반응시켜 암모니아로 만들고 이를 이용해 비료를 만들었다. 암모니아를 대량으로 만드는 과정은 하버-보슈에 의해 개발되었다. 암모니아는 이렇게 우리 생활에 유용하게 사용되는 물질이다.

우리가 단백질을 섭취하고 이를 분해하여 에너지를 얻고 나면 노폐물로 암모니아가 만들어지는데, 암모니아는 독성을 가지고 있는 물질이기 때문에 사람의 몸속에 오랫동안 머물면 위험하다. 그래서 사람을 포함한 포유류나 양서류는 암모니아를 독성이 없는 요소라는 물질로 바꾸어 신장에 저장해 두었다가 소변이나 땀 등의 형태로 몸 밖으로 내보낸다. 또 파충류나 조류, 곤충 등은 암모니아를 요산으로 바꾸어 배출한다. 수중동물의 경우 암모니아가 생기면 그때그때 소변으로 배출하기 때문에 굳이 다른 물질로 전환하지는 않는다. 암모니아는 매우 고약한 냄새가 나는 물질이다. 가끔 청소가 잘 되어 있지 않은 화장실에서 냄새가 나는 경우가 있는데, 이는 체내에서 미처 요소로 전환되지 못한 암모니아가 소변에 함께 섞여 몸 바깥으로 배출되기 때문이다.

고대부터 염화 암모늄을 얻는 방법은 알려져 있었는데, 염화 암모늄이 이집트의 태양신 암몬의 사원 근처에서 산출된다고 하여 이를 '암몬의 염'이라고 불렀다. 암모니아라는 이름이 여기에서 유래한다. 8세기 무렵 중세 이슬람 연금술사들은 암모니아를 중요하게 다루어 기록하였는데 암모니아에 대한 실험 기록을 처음으로 남긴 사람은 자비르 이븐 하이얀이다. 13세기에 들어 알베르투스 마그

누스와 같은 유럽의 연금술사들이 이슬람의 기록을 받아들여 염화 암모늄을 다루기 시작하였다. 15세기에는 바실리우스가 염화 암모늄에 알칼리를 반응시킴으로써 암모니아를 얻어낼 수 있음을 밝혀냈다. 기체 상태의 암모니아는 1774년 조지프 프리스틀리가 처음으로 분리하였고, 그는 그것을 '알칼리성 공기'라고 불렀다. 1777년 칼 빌헬름 셸레는 암모니아에 질소가 포함되어 있음을 밝혔고, 클로드 루이 베르톨레는 1785년경에 암모니아의 조성을 NH_3로 확정하였다. 1880년대부터 상업적인 암모니아 생산이 시작되었는데, 이때는 암모니아를 석탄 건류 과정의 부산물로써 얻어냈다. 1913년 프리츠 하버와 카를 보슈가 개발한 하버-보슈법은 암모니아의 생산량을 획기적으로 증가시켰다. 현재 암모니아는 공업적으로 가장 많이 생산되는 화합물 중 하나이다.

2) 암모니아의 성질

암모니아의 분자 구조는 한 변이 1.63 Å(0.163 nm)인 정삼각형을 이루고 있는 3개의 수소 원자가 있고, 정삼각형의 중심으로부터 질소 원자가 0.38 Å(0.038 nm)만큼 떠 있는 모양이다. 이러한 분자 구조를 삼각뿔형이라고 하며, 원자가 껍질 전자쌍 반발(Valence shell electron pair repulsion theory, VSEPR) 이론을 통해 예측할 수 있다. 암모니아를 이루고 있는 질소 원자에는 비공유 전자쌍이 한 쌍 존재하는데, 이것으로 인해 암모니아는 양성자 받개, 즉 염기로 작용할 수 있다. 분자 구조로 말미암아 암모니아의 쌍극자 모멘트는 0이 아니게 되므로 암모니아는 극성 물질이며 쌍극자 모멘트는 1.48 D이다. N-H 결합의 길이는 1.014 Å(0.1014 nm)이며 H-N-H의 결합각은 107°이다. 또한 암모니아는 수소 결합을 잘해서 한 분자의 물과 결합을 하면 암모니아수(NH_4OH)가 된다.

암모니아는 표준 상태에서 특유의 자극적 냄새가 나는 무색의 기체로 존재한다. 밀도는 0.771 g/L(리터당 그램)이며, 이는 공기의 0.5971배에 해당한다. 상온에서도 압축시키면 비교적 간단하게 액화시킬 수 있다. 녹는점은 -77.7℃, 끓는점은 -33.4℃, 임계온도는 132.5℃이고, 임계압력은 112.5 atm이다. 생성열은 46.23 kJ/mol, 융해열은 5.653 kJ/mol, 기화열은 23.35 kJ/mol이다. 암모니아는 극성이 있어 극성 용매인 물에 잘 녹다. 용액의 어는점에서 암모니아는 질량 퍼센트로 약 45퍼센트까지 녹을 수 있으며 0℃, 1 atm의 표준 상태에서 약 30%까지 녹을 수 있다. 용해도는 0℃의 물에 89.9 g/100 mL(100밀리리터당 그램), 20℃의 물에 52.0 g/100 mL, 96℃의 물에 7.4 g/100 mL이며 20℃의 에탄올에서의 용해도는 14.8 g/100 mL 이다. 극성 가스이지만 에터에도 녹는다.

3) 공업적 제법 : 합성법

공업적으로 암모니아를 합성하는 데 가장 많이 사용되는 방법은 수소와 질소로부터 암모니아를 직접 합성하는 방법이다. 암모니아 합성 반응의 반응식은 다음과 같이 간단하다.

$$N_2 + 3\,H_2 \rightarrow 2\,NH_3 + 100\ kJ$$

질소 한 분자와 수소 세 분자가 만나 2분자의 암모니아를 합성하는데 열이 100 kJ이나 발생하는 발열 반응이다. 혹 공기 중의 질소와 수소가 반응해 암모니아를 합성하는 반응을 본 적이 있는가? 암모니아는 자극이 심한 냄새를 풍기는 물질이니 이 반응이 공기 중에서 일어난다면 매일 여기저기서 암모니아 냄새를 맡아야 할 것이다. 다행인 점은 바로 공기 중에서는 이 반응이 일어나지 않는다는 사실이다. 일단 이 반응은 르샤틀리에 원리에 따라 압력이 높을수록 온도가 낮을수록 정반응이 일어난다. 그런데 이 반응이 일어나려면 질소 분자와 수소 분자가 각자 풀어져 원자 상태가 되도록 결합 에너지를 끊어낼 만큼 강한 에너지를 가해주어야 한다. 고압에서 반응이 시작하려면 고온이어야 하는데 반응이 잘 진행되려면 고압이면서 온도를 낮추어야 하니 반응이 어렵다. 이 때문에 적당한 촉매를 써서 가능한 한 저온에서 반응 속도를 높이는 연구가 필요하였다.

18세기 후반에 암모니아가 질소와 수소로 이루어져 있다는 사실이 알려지면서 이러한 합성을 시도하는 경우가 많았는데, 모두 실패하였다. 20세기 초에 들어 발터 네른스트, 프리츠 하버 등이 이 반응의 열역학적 평형을 연구하여 반응이 가능하다는 것을 밝혀냈다. 1907년 하버는 암모니아 합성의 기초를 확립하였다. 하버는 질소와 수소를 산화철과 약간의 세륨 및 크로뮴 촉매를 사용하여 530℃, 290

atm에서 반응시키면 암모니아를 얻을 수 있음을 발견하였으나, 당시의 기술 수준으로는 합성에 필요한 조건인 고온과 고압을 조성하기가 힘들었다. 1907년 하버는 계속된 실험을 통하여 100~200 atm, 650~700℃에서 U나 Os계 촉매를 사용하여 수율 2 vol % 의 암모니아를 합성하는 데 성공하였다. 제1차 세계 대전 중에 폭발물을 만들기 위한 암모니아의 수요가 증가하면서, 1913년 칼 보슈는 하버의 방법을 공업적으로 적용하여 연산 9천 톤의 최초의 공업적 암모니아 합성에 성공하였다. 이렇게 해서 개발된 하버-보슈법은 제1차 세계 대전 이후 많은 개선을 거쳐 오늘날의 암모니아 합성까지 이르렀다.

질소는 식물에게 반드시 필요한 필수 영양소이다. 그러나 공기의 80% 질소이지만 식물은 물에 녹은 질소 화합물을 뿌리와 물관을 통해서만 흡수할 수 있다. 인구 팽창은 식량 부족으로 이어졌기에 질소 비료는 절실하였다. 암모니아 기체는 요소로 쉽게 전환되기에 암모니아 합성법의 개발은 인류의 식량 증산에 혁혁한 공을 세운 것이다. 하버 교수는 이 공로를 인정받아 1918년 노벨화학상을 수상하였다.

촉매로는 산화 철(III)과 철(II)을 주체로 하여 소량의 알루미나, 마그네시아, 산화 포타슘 등을 더하여 사용하고, 압력은 300기압, 온도는 500~600℃로 암모니아 합성을 한다. 혼합가스는 위쪽에서 노(furnace)에 들어와 노의 원통형 외통과 촉매관 사이를 내려 외통이 가열되는 것을 막고, 하단으로부터 열교환기에 들어와 예열된다. 예열된 혼합가스는 전열기를 거쳐 촉매관에 들어와 암모니아의 합성이 이루어진다. 하버-보슈법 뒤에 고안된 각종 암모니아 합성 방식은 모두 동일 원리에 기초하여, 이 법의 유도법이라고 불러야 할 것이다. 현재의 암모니아 합성 조건은 하루 1,000톤 이상 생산되는 대형 설비에서는 220 atm, 450~550℃, GHSV(공간속도)는 15,000~50,000, 그리고 촉매는 Os, U 촉매를 사용하고 있다. 매년 1억 8,000만 톤의 질소가 암모니아로 전환되는데 에너지 소모 측면에서 보면 인류가 쓰는 에너지의 2%가 암모니아 생산에 사용되는 셈이다. 전 세계 천연가스 생산량의 5%가 암모니아 합성에 활용되고 있다. 천연가스에서 암모니아를 생산하는 과정에서 연간 수억 톤 규모의 온실가스가 발생하는 문제가 발생하고 있다.

하버–보슈법의 암모니아 합성은 자세히 들여다보면 기체–기체의 반응으로 촉매 사용 시 활성화 에너지(activation energy)를 낮춰 반응 속도를 증가시킨 것이며, 촉매로는 철 촉매가 가능하다고 보인다. 이런 점에 착안하여 최근 울산과학기술원(UNIST)에서는 볼 밀링 법으로 실험실에서 암모니아를 합성하면 45℃, 1 bar의 저온 저압 조건에서도 82.5% 고수율의 암모니아가 합성된다고 발표한 바 있다. 이는 하버–보슈법의 450℃, 200 bar에서 25% 수득률에 비하면 가히 혁신적인 합성법이라고 할 수 있으며, 향후 scale up의 연구가 기대되고 있다.

4) 암모니아의 원료인 수소와 질소의 생산

암모니아의 원료는 수소와 질소로, 질소는 대기의 78%로 풍부하지만 수소는 매우 작고 가벼워 대기 중에서 얻어내기가 쉽지 않다. 수소를 생산하는 방법에는 여러 가지가 있다.

첫 번째는 부생 공정에서 수소를 생산하는 방법이다. 코크스로가스(COG)나 나프타 열분해 시 발생한 가스분을 정제하여 수소를 얻는다. 제철소의 철광석은 산화 철 형태로 코크스와 반응하여 CO_2와 순수 철로 분해된다, 코크스는 유연탄의 탄화수소 성분에서 수소를 떼어내어 고탄소화한 원료탄을 말한다. 나무로 숯을 만들 듯, 석탄으로 코크스를 만든다. 그런데 코크스를 제조하는 과정에서 유연탄에서 떨어져 나온 수소가 부생수소이다. 코크스로가스(COG)에는 H_2 기체가 50～60%, CH_4 기체가 22～28%, CO 기체가 5～9% 들어있어 수소를 분리 정제하면 된다. 나프타 크래킹 방법 중에서 접촉크래킹을 하는 경우 메테인과 에틸렌이 각각 약 30%씩 얻어지는 데 비해 접촉개질법을 사용하면 H_2 60～75%, CH_4 12～23%, C_2 12～23%로 수소가 많이 부상된다.

두 번째는 천연가스 개질 SMR법 이다. 천연가스에 수증기–메테인 개질 방식으로 수소를 생산하는 방법으로 가장 일반적인 수소 생산 방식이며 경제성과 대규모 생산성이 가능한 방법이다. 개질과 소모가 필요하고 높은 온도와 압력이 요구되어 설비 비용이 높다는 단점이 있다고 한다.

세 번째는 석탄 가스화 공정으로 석탄 합성가스를 추출하여 수소로 전환하는 기술이다. 석탄 가스화 복합화력 IGCC 기술 활용으로 대규모의 고순도 수소 생산이 가능하다.

네 번째는 수전해 방식이다. 신재생 및 원자력 에너지를 이용해 물을 전기분해하여 얻는 수소로 그린 수소(green hydrogen)라고 한다. 수소 생성을 위한 전력을 재생에너지로 충당해 생성 과정에서 이산화 탄소가 발생하지 않는 기술로 기존 국내 기술보다 6% 이상 수소 생산 효율을 향상할 수 있어 경쟁력도 있는 것으로 알려져 있다. 최근 수소 연료 전지를 활용하여 수소를 자동차의 연료로 활용하는 수소 경제가 새롭게 급부상하고 있다. 수소자동차는 화석연료를 사용하지 않으므로 이산화 탄소 배출이 없어 내연기관 자동차의 대체 수단으로 연구되고 있다. 수소는 너무 가벼우므로, 화합물 형태의 물질로 존재하다가 사용 온도에서 수소를 쉽게 내놓을 수 있는 물질이 필요한데, 이를 위한 화합물로 암모니아가 떠오르고 있다. 수소와 질소의 반응으로 암모니아를 합성하였는데 이제는 역으로 암모니아에서 수소를 분리하는 방법이 매우 좋은 방법으로 인식되고 있는 것이다. 수소를 직접 액화하려면 －263℃ 이하로 온도를 낮춰야 하는데 암모니아는 －33°C로 액화가 쉽고 액화수소 대비 1.5배의 수소를 저장할 수 있기 때문에 장거리 운송 시 액화 암모니아 방식이 유리하다고 볼 수 있다.

다섯 번째는 나프타의 수증기 개질법으로, 나프타에서 탈황된 탄화수소가 수증기와 혼합된 개질 공정에서 가스화되고 1차와 2차 개질 공정을 거치며 최종 수소가 생산된다. 이 방법은 ICI사에서 표준화하였다.

원료 가스인 질소를 제조하는 공정에는 첫째, 공기의 액화 분리로 얻는다. 액체질소는 비점이 －196℃이고 액체산소는－183℃이다. 공기 액화 분리법 2단계의 정류 과정을 거쳐서 99.9% 이상의 고순도 질소와 98% 이상의 산소를 생산하고 있다. 공기 액화 분리법도 Linde식, Claude식, Heylandt식의 3가지 방식이 사용되고 있다.

2 비료 산업

비료에는 유기질비료와 황산 암모늄, 요소, 인산 등의 화학비료가 있는데, 주로 화학비료를 제조·생산하는 분야를 비료 공업이라고 한다. 1906년 프랑크–카로법에 의한 칼슘 사이안아마이드(calcium cyanamide, $CaCN_2$)석회질소, 1913년 하버–보슈법에 의한 암모니아 합성공정의 확립을 통한 비료 제조 공업화의 성공을 계기로 20세기 전반에 비료 화학 공업의 발전을 이룩하였다.

한국에서 화학비료를 처음 생산한 것은 부산에서 1910년경 인분뇨에서 얻은 암모니아를 황산에 흡수시켜 황산 암모늄을 연간 130 M/T 규모로 제조한 것이다. 1930년 일제 강점기에 황산 암모늄(연간 48만 M/T)과 황산 인산 암모늄(硫燐安: 연간 17만 M/T)을 흥남 질소 비료 공장에서 처음으로 대량 생산하기 시작하였다. 또한 1936년 석회질소를 연간 2만 4,000 M /T, 1941년에는 염화 암모늄을 연간 2만 M/T 생산하였다. 현재 한국에서 생산하는 비료는 비료의 3요소 중 질소와 인산을 중심으로 한 질소질 비료와 인산질 비료들이 주축을 이루며, 포타슘 비료는 외국에서 수입한 것을 복합비료에 첨가하는 것이 대부분이고, 약간의 양을 단일 비료로 사용하고 있다. 질소는 식물의 단백질과 효소 등의 구성요소로 작용하므로 중요하고 인산은 식물의 ATP, 핵산, 효소 등의 구성 원소로 광합성과 당대사, 성장, 개화 및 결실에 관여하는 영양소이며 포타슘은 광합성, 단백질 합성과 개화, 결실에 관여하는 영양소이다. 질소계 비료 중에서 한국에서 가장 중요한 것은 요소(尿素)이다.

제2차 세계대전 후, 한국에서 질소 비료를 제조하기 위하여 연간 4,000 M/T급의 충주비료공장 건설계약을 체결한 것이 1955년 5월이었다. 1958년 4월 준공 예정이었으나 건설을 담당한 맥그로하드로 카본사(社)와의 분규(紛糾)로 1959년 10월 시험 운전 단계에 들어가 3년 늦게 1961년 4월 준공하였다. 충주비료에서는 1963년부터는 요소를 연산 8만 5,000 M/T을 초과 생산하는 실적을 기록하였다. 두 번째 요소 공장은 전라남도 나주에 건설한 호남비료로 1954년 10월 건설계약을 체결하고 1962년 12월 준공하였다. 이 공장의 특색은 충주 비료공장이 중유를 사용하는 데 비하여 무연탄을 사용하도록 하였다는 점이다. 그러나 가스화 용안의 공급이 원활하지 못해서 1968년 나프타 가스화 시설을 추가하여 안정화하였다고 한다. 이 두 공장만으로는 국내 질소 비료 수요량에 부족하여 1968년 이후 국내 비료의 자급화를 목적으로 제3·제4·제5공장을 계획·건설하기 시작하였다. 제3공장은 요소 8만 4,100 M/T와 복합비료 18만 600M/T 능력의 공장으로 경남 울산에서 1967년 3월 준공하게 되었는데 이것이 영남화학㈜이다. 제4공장은 제3공장과 같은 능력의 공장으로서 경남 진해에 1967년 4월 준공하였는데 이것이 진해화학㈜이다. 1968년 정상 가동 이후 시설용량을 웃도는 실적으로 매년 목표량을 초과 달성하였고, 1975년 설계용량의 148%라는 기록을 돌파하기도 하였다고 한다.

제5공장은 요소를 연간 33만 M/T을 생산하는 대규모 공장이다. 이것이 경남 울산에 소재한 한국비료공업㈜인데, 삼성물산과 일본의 미쓰이(三井)물산 사이의 차관계약 때문에 1965년 12월 5일 착공해서 1967년 4월 20일 준공하였다. 이 공장에서도 설계용량 이상의 생산실적을 나타냈고 특히 1967년부터 요소비료 2만 M/T 수출을 시작함으로써 비료 수입국에서 비료 수출국으로 전환하는 데 이바지하였다.

1973년 4월 발족한 한국종합화학공업㈜은 충주비료와 호남비료를 합병한 것이다. 충주공장에 대단위 요소 공장과 산업용 암모니아를 공급할 수 있는 암모니아 센터(제6비)를 1973년 10월 준공하였다. 한국종합화학은 비교공업 이외에도 많은 부분에 관여하여 한국 중화학공업 발전의 모체로서 큰 역할을 하고 있다.

이 밖에 남해화학㈜이 있는데, 이 공장은 동양 최대 규모의 비료공장이다. 1977년 8월 준공식을 가진 남해화학은 요소 66만 M/T, 복합비료 70만 M/T 비료 생산 능력을 갖췄을 뿐 아니라 여천 공업단지에 있는 제2 석유화학 계열 공장들에 기초 원료 전량을 공급하게 됨으로써 기초화학제품 공장으로서도 중요한 위치에 있다.

질소 비료를 부산물로 생산할 수 있는 공장으로 한국카프로락탐㈜과 포항종합제철㈜이 건설되었다. 한국카프로락탐㈜은 1974년부터 생산을 시작하였으며 생산 능력은 14만 2,000 M/T에 이른다. 포항종합제철㈜은 1973년부터 생산을 시작하였으며, 생산 능력은 2만 2,000M/T에 이른다.

인산비료를 생산하는 공장으로 1966년부터 용성(熔成)인산비료를 생산하는 경기화학공업㈜, 1967년부터 같은 용성인산비료를 생산하는 풍농비료공업㈜이 있다. 용성인산비료는 인산분 외에도 석회, 마그네슘, 규산이 다량으로 함유되어 있어서 한국 경작지의 토질 회복에 효과적인 비료이다. 우리나라의 경작지는 화강암 및 화강편마암을 모암으로 한 광질 토양으로서 양이온인 석회 및 산화 마그네슘의 성분이 부족한 데다 여름철 집중 강우로 양이온들이 용탈되어 산성화되므로 척박(瘠薄)한 경작지가 많이 분포한다. 이러한 토양 특성에 적합한 비료가 용성인산비료임이 밝혀졌다. 1971년부터 벼의 다수확 품종이 보급됨에 따라 용성인산비료 중의 규산의 효과가 인정받게 되었다. 또 야산 개발경작지에서 용성인산비료의 효과가 크게 나타남으로써 토양개량제로서 빛을 보게 되었으며, 밭작물 및 원예작물의 재배면적이 증가함에 따라 용성인산비료의 수요량이 증가하여 1972년 19만 M/T을 기록하였다. 그러나 지효성비료(遲效性肥料)인 용성인산비료보다는 속효성비료(速效性肥料)를 원하는 것이 농가의 일반적인 경향이므로 경기화학에서는 용과인공장을 1974년 12월 준공하여 1975년 13만 5,187 M/T을 생산하였다.

용과인은 용성인비(지효성비료)에 인적석회(속효성비료)를 혼합한 것으로서 1988년 국내 소비가 10만 M/T이었다. 조선비료공업㈜은 복합비료 전문공장인데, 연초용(煙草用:10-15-20), 수도용(水稻用:1-15-15)을 계속 생산하고 있다. 비료 산업이 민간에 이양되면서 KG케미칼(구 경기화학), ㈜풍농, ㈜조비, ㈜한국비앤씨(구 신한종합비료) 등에서 다양한 비료가 생산되고 있다.

비료 공업은 1970년대 초반 한국의 쌀 자급을 위한 녹색혁명의 달성과 세계적인 식량 부족 현상으로 중요성이 주목받았으나, 1980년대 국내외 여건 변화와 1990년대 무역자유화(貿易自由化)로 어려움을 겪었다. 1980년대 수출량은 국내 총생산량의 45.9%였고 1990년대 수출량은 생산량 대비 30.5%에서 15%나 하락했으며 2000년대 대북 비료 지원이 있었을 때 약간 상승했다. 2015년 무기질비료 수출물량은 급감해 60만 1,000톤이며 2011년 대비 58% 하락했다고 한다. 우리나라 비료 산업은 2000년대 중반부터 어느 순간 수출국에서 수입국으로 전환되었다. 복합비료 수출에서 인산이암모늄 비료가 2022년에 약 3만 톤 정도 수출하였다고 하지만 질소질 비료는 요소를 제외하고 연 2만 5,000톤 정도 수입하고 있고, 인산질 비료는 3만 5,000톤 칼륨비료는 1만2,000톤 수입하고 있다. 국내 비료 시장은 2016년 기준으로 약 1조 8,000억 원 수준으로 화학비료는 약 6천억 원 정도이다. 대규모 장치산업으로 상위 8개 업체가 전체의 90%를 점하고 있다. 시설 가동률이 2,000년대 80%에서 2010년대 60%로 하락한 것으로 나타났다.

비료를 분류하면 질소, 인산, 칼륨(포타슘) 단일 비료와 이들을 혼합한 복합비료, 그리고 석회비료, 완효성 비료, 인산질 비료로 나눌 수 있다. 질소 단일 비료에는 황산 암모늄(황안), 요소, 질산 암모늄(질안), 염화 암모늄(염안), 질산 칼슘(질산 석회), 석회 질소가 있다. 인산 비료에는 인산 1칼슘, 과인산 석회, 중과인산 석회, 용성 인비, 소성 인비가 있다. 복합비료에는 입상 화성비료, 입상 배합비료, 액체 비료가 있다. 석회비료에는 석회석과 조개껍데기로 만든 폐화석 비료 탄산 칼슘, 비철금속 재련 시 슬래그로 만든 부산 석회비료, 혼합 석회비료가 있다. 완효성 비료에는 우레아포름, 아이소뷰틸리덴 2요소, 크로토닐리덴 2요소, 황산 구아닐 요소 등이 있다.

정리

1. 질소 비료에 활용할 목적으로 암모니아의 다양한 합성법이 개발되었고, 그중 가장 실효성이 있는 하버-보슈 법을 공부하였다.
2. 암모니아는 공기 중의 질소와 부생 수소를 반응하여 합성하는데, 이 반응은 인류 식량 부족의 해결에 중요한 역할을 한 반응이다.
3. 최근에 수소자동차의 보급으로 수소가 무공해 원료로 중요해졌으며, 암모니아 합성의 역반응으로 암모니아를 수소 공급원으로 활용하려는 시도가 있다.
4. 우리나라의 비료공업은 1960년대 경제개발 계획과 함께 우리나라 수출의 효자산업이 되었지만, 2000년대 이후 수입산업으로 일부 전환되었다.
5. 질소, 인산, 칼륨을 활용하는 다양한 종료의 합성비료가 있다.

■ 노벨 화학상 시상식에서 사회자의 하버 교수 소개자료 중에서

신사 숙녀 여러분,

스웨덴 왕립과학원은 베를린 근처 달렘에 있는 카이저 빌헬름 연구소 소장이며 게하임라트(고문) 교수인 프리츠 하버 박사에게 질소와 수소로부터 암모니아를 합성하는 방법을 개발한 공로로 1918년 노벨 화학상을 수여하기로 결정하였습니다.

토양의 생산력은 자연의 경제법칙에 따르는데, 일반적으로 곡식에서 나오는 퇴비가 토양으로 되돌아가면 일정한 수준이 유지됩니다. 그러나 토양의 생산성이 증가하기를 바라면 부가적으로 비료를 사용해야 합니다. 매년 수확의 큰 부분이 매해 증가하는 인구에 의해 소비되고 마을에서 나오는 아주 적은 양의 퇴비가 경작하는 땅으로 되돌아가기 때문에 토양은 고갈되고 수확량이 감소하는 것을 피할 수 없습니다. 이와 같은 원인이 인공 비료를 제조하도록 만들었는데, 적어도 유럽의 경우 비료 없이 경작할 수 있는 국가가 거의 없을 정도로 해마다 필요량이 증가하고 있습니다.

인공 비료 중에서는 질소 화합물이 중요한데, 인산이나 산화 칼륨과는 달리 풍화작용으로 인해 식물에 꼭 필요한 질소 화합물이 토양에 많이 저장되어 있지 않기 때문입니다. 게다가 유용한 질소의 일부분은 순환과정에서 비활성 대기 질소로 되돌아갑니다. 이와 같은 손실분은 폭우와 박테리아의 활동으로 확실히 보충되지만 지금까지의 경험으로는 인공 질소 비료 없이는 집약적인 경작을 유지할 수 없다는 것입니다. 이 같은 사실은 무엇보다도 오늘날 가장 중요한 곡물 가운데 하나인 사탕무에 해당됩니다. 여러 해 동안 단지 두 개의 인공 질소 화합물이 존재하였는데 그것은 질산 칼륨과 염화 암모늄입니다. 그러나 이것을 합성하는 오래된 방법은 유럽과 미국에서 중지되었고 칠레초석(질산 나트륨)이 등장하였으며, 이것을 질소 비료로 만들기 위해서 광물탄의 건식증류로부터 나오는 부산물을 사용하였습니다. 질소로 계산한 칠레초석의 연간 소비량은 50만 톤 이상이었

습니다.

이 많은 양의 초석이 대부분 비료로 사용되었습니다. 이로 인해 심각한 문제가 제기되었는데 그것은 '칠레초석이 언제 고갈될 것인가?'입니다. 칠레 당국은 여러 평가를 내놓았고 유럽의 전문가들은 현재 속도로 생산하면 초석의 매장량이 가까운 미래에 고갈될 것이라고 합니다. 특히 대규모 광물 매장량도 없고 값싼 수력발전도 할 수 없는 국가에서는 초석이 가장 중요하기 때문에 암모니아와 질산의 인공적인 생산은 매우 중요합니다. 20세기의 첫 10년 동안 공기로부터 질소를 고정하는 여러 방법이 발표되었지만 이 중에서 시험단계까지 살아남은 것은 거의 없었습니다. 그중 처음 방법이 프랑크-카로의 사이안아마이드 방법입니다. 칼슘사이안아마이드가 비료로서 기대에 완전히 미치지는 못하지만 함유된 질소가 상대적으로 쉽게 암모니아로 바뀔 수 있기 때문에 활용에 방해물이 되지는 않습니다.

열역학의 주요 원리를 사용하여 일산화 질소를 생성하는 대기 질소의 연소와 관련된 모든 정량 조건을 계산할 수 있게 되자 비르켈란트와 에이데는 이것을 기술적으로 응용하여 처음으로 성공적인 결과를 얻었습니다. 베르틀로와 톰슨의 실험으로 이 결합이 발열 반응으로 일어난다는 것을 증명하였지만 1904년까지 아무도 전기방전의 도움 없이는 암모니아를 생성하기 위해 질소와 수소의 직접적인 결합을 일으킬 수 없었습니다. 이런 부정적인 결과는 낮은 온도에서의 느린 반응과 높은 온도에서의 불리한 평형 상태에 의한 것임을 경험으로 쉽게 알 수 있습니다. 1884년 램지와 영이 촉매로 철을 사용하여 실험을 수행했지만 불확실한 결과를 얻었을 뿐입니다.

하버 교수와 반 오르트는 이전의 실험이 문제에 대한 기술적 해답을 줄 것이라는 희망을 가지고, 1904년 현대 물리화학 방법에 기초를 두고 관련 분야의 방법론적인 연구를 시작하였습니다. 그들은 약 1000℃의 온도와 정상 압력에서 철을 촉매로 사용하여 실험하였고 그 결과 적열(赤熱)과 더 높은 압력을 나타내는 위쪽에서 단지 미량의 암모니아가 생성된다는 것을 알게 되었습니다.

이 연구에서 시스템에 실제 존재하는 평형 상태는 $N_2 + 3H_2 \rightarrow 2NH_3$이며 이것이 암모니아 합성의 기초라는 것을 처음 실험적으로 보였습니다.

1913년 『전기 화학 잡지』에서 하버 교수와 르 로시뇰에 의해 가장 중요하고 실용적 의미를 갖는 이 문제의 취급 방법을 발견할 수 있습니다. 제목은 「원소로부터 암모니아의 기술적 생산에 관하여」였습니다. 이 논문이 루트비히샤펜에 있는 '바덴아닐린-소다'사에서 공장 규모로 방법을 발전시키는 데 기초를 제공하였고 주요 개발은 보슈 박사의 지도 아래 이루어졌습니다.

초기 실험에서 과도한 검붉은 열, 즉 600°C는 효과가 없어 보였고 반응식은 4부피에서 2부피로 감소되면서 결합이 일어나는 것으로 밝혀졌습니다. 평형의 법칙에서 압력이 높을수록 평형은 암모니아 쪽으로 이동하는데 이것이 기본적인 원리를 제공했습니다. 약 500°C의 온도를 가능한 한 가장 높은 압력과 함께 사용해야 했는데, 실제로 약 150기압부터 200기압의 압력이 가능합니다. 이 높은 압력이 반응을 가속화시키리라는 것을 예상할 수 있습니다. 그러나 그처럼 높은 압력과 적열에 접근하는 온도에서 순환시스템에 기체의 흐름이 포함된 실험은 매우 심각한 어려움을 불러일으켰고 그때까지 시도된 적도 없었습니다. 그러나 실험은 완전히 성공적이었습니다. 문제의 논문은 사용한 장치의 자세한 도면을 포함하고 있는데, 철을 촉매로 사용하여 1시간당, 그리고 접촉부피 1리터당 약 250그램의 암모니아를 생산하였고, 우라늄이나 오스뮴을 촉매로 하여 더 많은 양을 생산하였습니다.

가열은 전기적으로 이루어졌지만 장치로부터 새어 나오는 열은 대개 투입되는 기체에 다시 이용되기 때문에 요구되는 온도는 재생하는 열과 암모니아 생성으로부터 방출되는 열에 의해 유지할 수 있습니다. 하버 교수의 관찰에서 매우 중요한 특징은 기체가 반응 중에 더 빠른 유속으로 보급되면 단위시간당 생산되는 암모니아의 양이 점차로 증가한다는 것입니다.

하버 교수는 가장 좋은 촉매는 오스뮴이고 그다음이 우라늄이나 탄화 우라늄이라는 것을 알아냈습니다. '바덴' 공장에서 대부분 수행했던 시험에 따르면 촉매 활동은 촉매의 활성억제제에 의해 감소되지만 산화물이나 알칼리염, 그리고 알칼리토금속에 의해 증가될 수 있습니다. 점점 더 활성이 좋은 촉매가 발견되었고 이것으로 관내 압력을 점차로 감소시키는 것이 가능하였습니다.

1910년에 프랑크푸르트암마인 근처 오파우에서 처음으로 암모니아 연간 생산량이 3만 톤으로 예상되는 건설 공사가 시작되었습니다. 기본물질인 질소와 수소는 표준방법으로 만들어졌습니다. 암모니아 제조 과정에서 전력의 소비는 아주 낮아 암모니아 킬로그램당 0.5 kW/h 이하의 양입니다. 그러므로 킬로와트/연당 1만 킬로그램 이상의 질소가 고정됩니다.

반응의 평형 위치와 여러 요소는 암모니아의 생성열과 비열에 의존하기 때문에 1914년과 1915년에 『전기 화학 잡지』에 연속으로 발표한 여러 개의 논문에서 하버 교수는 이 과정들을 아주 정확하게 확인하기 위해 수행했던 실험들을 광범위하게 서술하였습니다.

오스트발트가 수정한 방법으로 암모니아를 질산으로 바꾸고 질산을 질산 칼슘으로 바꾸므로, 질산 칼슘을 생산하는 전체 비용들 사이의 비는 계산에 따르면 대략 다음과 같습니다.

- 노르웨이안 하이드로(Norwegian Hydro): 100
- 하버: 103
- 프랑크-카로(Frank-Caro): 117

위의 숫자들이 나타내듯이 처음 두 방법은 비슷하지만 나머지 하나는 약 15퍼센트 정도 더 높습니다.

그러나 세 방법 가운데 하버 교수의 방법이 유일하게 값싼 수력 전력을 이용하고 독립적으로 작동할 수 있기 때문에 앞으로 모든 국가에 활용될 수 있습니다. 더욱이 필요한 만큼 적당한 규모로 만들 수 있고 매우 값싸게 암모니아를 생산하고 질산염을 만들 수 있기 때문에 인류의 영양섭취 향상에 아주 중요한 기여를 했습니다.

독일 하버 공장들, 특히 최근에 지어진 메르세부르크 근처의 레우나 워크스는 최대의 생산량으로 독일에서 필요한 모든 질소 비료의 대부분을 제공합니다. 더욱이 하버 교수의 방법은 이미 미국에서 널리 적용되고 있습니다.

하버 교수님. 왕립과학원은 수소와 대기 질소를 직접 결합시키는 문제를 해결한 뛰어난 공로를 인정하여 1918년 노벨 화학상을 교수님께 수여합니다. 이 문제에 대한 해결책이 이전에도 여러 차례 시도되었지만 교수님이 처음으로 공업적 해결책을 제공하였고 농업의 표준과 인류복지를 향상시키는 매우 중요한 수단을 만들어 냈습니다. 교수님의 조국과 인류 전체를 위한 값진 승리를 축하드립니다. 이제 노벨 재단 회장으로부터 상을 받으시기를 바랍니다.

스웨덴 왕립과학원 Å. G. 엑스트란드

■ 노벨 화학상 수상자 하버의 암모니아 연구의 음과 양

독일인 화학자 프리츠 하버는 공기 중의 질소로 암모니아를 합성하는 방법을 발견한 업적으로 1918년에 노벨상을 수상했다. 하버가 이 방법을 찾아낸 뒤에 사람들은 합성된 암모니아를 화학 비료의 원료로 사용함으로써 식량 위기를 극복할 수 있었다. 화학 비료의 발명은 인류의 식량 생산을 놀랄 정도로 늘렸고, 인류를 기아에서 벗어나게 하는 데 큰 공헌을 했다. 현재 세계 인구의 절반은 질소 비료에 의해 생산된 식량을 먹고 있다. 그의 연구는 셀 수도 없는 인간의 목숨을 구한 셈이다.

그렇지만 암모니아는 폭탄의 원료로도 사용되었고, 각국은 이렇게 합성된 암모니아를 사용해서 무기를 대량 생산하기 시작했다. 하버의 아이러니는 여기에서 끝나지 않았다. 그는 제1차 세계대전 동안 염소와 다른 독성 가스를 개발하고 무기화하는 데 선구적인 역할을 했다. 하버가 만든 소위 '독가스'는 제1차 세계대전에 전장에서 독일에 의해 연합군 병사에게 사용되어 연합군의 사기를 떨어뜨리면서 무수한 인명을 앗아 갔다. 그는 사람을 죽이는 연구를 기꺼이 수행했다. 그의 연구는 당시에도 그랬지만 지금까지도 '과학자가 자신의 연구에 어디까지 책임을 져야 하는가'라는 과학자의 사회적 책임의 문제와 '국가의 필요 때문에 비윤리적이거나 반인륜적인 연구를 해야 하는가'라는 연구의 윤리성의 문제가 현대 과학의 가장 중요한 문제임을 얘기해 주고 있다.

※ 노벨 재단 편저, 우경자, 이연희 공역, 『당신에게 노벨상을 수여합니다: 노벨 화학상』(바다출판사, 2017) 및 "프리츠 하버", 과학인물백과(송성수 외, NAVER 지식백과)에서 발췌

연습문제

1 객관식 비료의 3대 원소에 해당하지 않는 것은? (　　)

① 질소

② 인산

③ 포타슘(칼륨)

④ 비타민

2 O, X 문제 질소와 수소가 반응하여 암모니아를 합성하는 반응은 온도가 높을수록 전환율이 높아지는 반응이다.

(　　)

3 주관식 최근 신재생 및 원자력 에너지를 이용해 물을 전기분해하여 얻는 수소를 무엇이라고 부르는가?

11장

전기화학 공업

이 장에서는 전기화학공업을 주제로 공부한다. 전기화학은 최소 한 학기 동안의 수업으로 진행하는 과목이지만, 이 장에서는 전기화학의 기초인 산화 반응과 환원 반응, 그리고 표준 전극 전위와 네른스트 식(Nernst equation)까지 공부할 것이다. 실제로 전기화학은 일차 전지, 이차 전지, 연료 전지, 태양 전지까지 이르는 방대한 내용이므로, 자세한 사항은 관련 도서들을 참고하기 바란다.

1 전기화학의 기초, 산화 반응과 환원 반응

이 절에서는 전해질 용액 속에서의 산화 반응과 화학 반응을 먼저 알아볼 것이다. 특히 다니엘 전지를 중심으로 전위차에 의한 전기 발생 현상을 주제로 공부한다.

1) 전기화학의 기초

전기화학은 전지 화학 이외에도 넓은 의미에서는 전기열화학, 전기분해, 계면전기현상, 물체 내의 도전 현상, 기체 내 방전, 고체·액체·기체의 구조, 이온화 상태 등 전기적 현상이 수반되는 화학 현상을 다루는 광범위한 학문으로서, 전기·전자의 이동/전달과 관련된 화학이라 말할 수 있다. 화학적으로 좁혀 쉽게 말하면 전기화학 반응이란 전자가 관여된 산화 또는 환원 반응을 말한다. 전자의 이동 측면에서, 화합물에서 전극으로 전자가 이동하는 반응이 산화 반응(oxidation reaction)이고, 전자가 전극으로부터 방출되어 화합물로 이동하는 반응이 환원 반응(reduction reaction)이다. 사실 이 세상에 존재하는 화학 반응 중 전자 전달과 함께 일어나는 반응이 가장 많은 것으로 알려져 있다. 엄밀하게 말하면, 전자 전달, 전자 이동, 전자의 재배치, 혹은 전자의 재분포가 없다면 아무런 반응도 진행될 수 없는 것이다. 전자 전달 반응을 전극을 이용하여 일으키게 되면, 전자 전달과 관련된 화학 에너지를 전기적인 에너지로 변환시킬 수 있게 된다. 또한, 역으로 전기적인 에너지를 전극을 통하여 걸어주게 되면, 전자의 이동을 유발해 화학 반응을 일으킬 수 있게 된다. 다시 말해, 화학적인 전자 전달 현상과 전기 에너지 또는 전기 신호를 전극을 통하여 관련시키는 영역을 일반적으로 전기화학이라고 한다.

전기화학은 1781년 이탈리아의 갈바니(Luigi Galvani)로부터 시작된다고 할 수 있겠다. 갈바니 이전에는 전기와 화학은 전혀 별개의 영역이었는데, 갈바니가 개구리 다리에서 전기현상을 발견함으로써 전기와 화학이 연관이 있다는 것을 알게 되었기 때문이다. 1799년 볼타(Alessandro Giuseppe Antonio Anastasio Volta)가 이 현상을 이용하여 전지를 발명한 후 화학적 반응 때문에 전기가 만들어질 수 있음을 알게 되었다. 이후 1801년 니콜슨(William Nicholson)과 캘러일이 물이 전기분해되는 것을 발견함으로써 전기가 화학 반응을 일으킬 수 있다는 것을 알게 되었는데, 이후 많은 연구 덕분에 전기화학 반응이 전극의 산화와 환원 경향과 전해질과 관련되어 있다는 것이 밝혀졌다. 그리고 패러데이(Michael Faraday)가 전기분해가 일어날 때 전기와 화학 반응의 양적인 관계 법칙을 발견함으로써 전기화학의 발전에 크게 이바지하였다. 19세기 말 네른스트 식(Nernst equation)이 발표되면서 전기화학 반응을 일반 화학 반응과 함께 취급할 수 있게 되었다. 네른스트 식은 전기화학 반응을 추진시키는 원동력은 전위차라는 것을 알려주는 식인데 전기화학 반응을 나타내는 가장 기초가 되는 식이다. 따라서 이 절의 내용도 갈바니 전지(볼타 전지)를 이해하고 패러데이 법칙과 네르스트 식을 이해하는 방향으로 전개할 것이다.

전기화학 반응은 일반적인 화학 반응과 마찬가지로, 자발적으로 일어나며 에너지를 방출하는 반응과 에너지를 넣어주어야 일어나는 바자발적인 반응으로 나눌 수 있다. 자발적으로 전기화학 반응이 일어나는 갈바니(Galvanic) 혹은 볼타(Volta) 형태의 반응과 전기 에너지가 들어가는 비자발적인 전기분해(electrolytic) 형태의 반응으로 구분할 수 있다. 전기화학 반응 때문에 물질이 변환될 때 그 물질이 가지고 있는 에너지가 전기적인 에너지로 변환되어 이용되는 대표적인 것이 전지(battery), 연료 전지(fuel cell) 등이다. 한 번 쓰고 나면 버려야 하는 일차 전지(primary battery)는 산화/환원 반응이 한 쪽 방향으로만 진행되고, 에너지를 가하더라도 본래 형태로는 돌아오지 못하는 비가역적인 반응을 하는 물질들로 이루어진 전지를 말한다. 여러 번 충방전이 가능한 이차 전지(secondary battery)는 산화/환원 반응이 일어난 후 전기적인 에너지를 가하면 다시 원래 형태의 물질로 돌아올 수 있는 가역적인 산화/환원 반응을 하는 물질들로 전지를 구성한 경우이다.

전지를 화학 전지와 물리 전지로 구분하여 분류하면 일차 전지와 이차 전지는 화학 전지에 해당하고 태양 전지는 물리 전지에 해당한다.

2) 산화와 환원

어떤 물질이 전자를 잃느냐 얻느냐에 따라 산화(oxidation)와 환원(reduction)으로 구분하여 전자의 이동 방향을 나타낸다. 이러한 산화와 환원 반응은 물질들 사이에 전자를 주고받으면서 동시에 쌍(couple)으로 일어나며, 절대로 하나만 일어나지 않는다. 그래서 산화와 환원이 일어나는 반응을 합하여 산화/환원 반응(redox reaction)이라 뭉쳐 부르기도 한다. 산화와 환원을 전자의 주고받음, 산소의 주고받음, 혹은 수소의 주고받음 등 3가지 방식으로 설명하는 경우가 많은데, 근본적으로는 산화/환원 반응은 전자의 이동 반응이므로, 어느 물질이 전자를 잃는 것을 산화, 전자를 얻은 것을 환원이라고 그 정의를 새겨두는 것이 가장 유용하다.

전자 전달 반응을 다른 관점에서 설명하는 용어가 있는데, 전자 주개(electron donor), 전자 받개(electron acceptor) 및 환원제(reducing agent), 산화제(oxidizing agent) 등의 용어이다. 관찰하고 있는 물질의 입장에서 전자를 잃는 경우(즉 산화 반응)에서는 상대방(즉 다른 물질)에 전자를 주는 것이므로 전자 주개에서 전자 이동(electron donation)이 진행되었다고 할 수 있겠다. 마찬가지로 전자를 얻은 물질은 환원되었는데, 이는 다른 물질로부터 전자를 받았으므로 전자 받개라 표현할 수 있겠다. 또 다른 표현 방법은 전자를 잃고 얻는 자체의 관심 대상의 물질에 대한 것보다 짝이 되는 다른 반응에 관한 관심을 가지고 기술하는 것이 환원제, 산화제라 불리는 정의이다. 어느 물질이 산화되면 그 물질은 필연적으로 다른 물질에 전자를 주어 그 물질을 환원시켰기 때문에 산화된 물질은 환원시킬 수 있는 능력이 있는 환원제라 표현할 수 있다. 마찬가지로 자신이 전자를 받아들이기에 쉬운, 즉 환원이 잘 되는 물질은 상대방을 잘 산화시키기 때문에 산화제가 된다. 결국, 산화/환원, 전자 주개/전자 받개, 환원제/산화제는 같은 현상을 어떤 관점, 무엇을 중심으로 바라보느냐에 따라 정의된 용어라 보면 쉽게 이해할 수 있을 것이다.

1800년 볼타에 의해 발명된 볼타 전지를 가지고 설명하겠다. 비커에 전해액으로 묽은 황산을 채우고, 구리판과 아연판을 꽂은 뒤 비커 외부로 전선으로 연결하면 전기가 흐르게 된다. 비커 내부에서 묽은 황산은 H^+와 SO_4^{2-}로 해리되어 존재한다. 이 과정을 자세히 이해해 보면 아연은 이온화 경향이 구리보다 커서 Zn^{2+}로 산화되며 전자를 두 개 발생하고 이 전자가 전선을 타고 구리판으로 이동한다. 이 전자는 구리판 주변의 전해질 속 H^+와 결합하여 수소 기체를 발생시킨다. 아연은 전자를 잃어 산화되는 전극이고 이를 애노드(anode, 산화 전극)라고 한다. 구리 극은 환원 반응이 일어나는 캐쏘드(cathode, 환원 전극)가 되는데 구리 전극에는 변화가 관측되지 않고 수소 기체가 주변에 생겨났다. 이 과정에서 아연은 산화되며 0.76 V가 생겨 전기가 발생한다. 이 볼타 전지는 수소 기체가 많아져 구리판과 전해질과의 접촉을 방해하여 전압이 떨어지게 되는데 이를 분극 현상이라고 한다.

이 분극 현상을 보완한 것이 1836년 개발된 다니엘 전지이다. 다니엘 전지에는 구리극과 아연극을 각각 황산 구리 용액과 황산 아연 용액에 담고 두 용액을 천 조각이나 유리관으로 된 염다리(salt bridge)로 연결하고 외부로 전선을 연결하였다(그림 10 참조). 아연 음극에서는 아연은 Zn^{2+}로 계속 이온화되어 용액 속의 Zn^{2+}의 농도가 증가한다. 구리 양극에서는 수소 발생은 없고, 구리의 전자들이 황산 구리 속의 Cu^{2+} 이온들과 결합하여 구리로 석출되며 구리판이 통통해지는 것을 볼 수 있다. 이 과정에서 아연은 산화되며 0.76 V가 생기고 구리가 환원되며 0.34 V가 생겨 합해서 1.1 V의 전기가 생긴다. 전선 중간에 전구를 연결시키면 1.1 V 전기로 인해 불이 켜짐을 관측할 수 있다.

용액 속에서의 전기화학 반응, 즉 산화 전극(anode, 양극)/환원 전극(cathode, 음극)에서의 산화/환원 반응은 절대로 혼자 일어나지 않고 쌍으로 일어난다. 그러므로 전극을 이용하여 전기 화학 반응을 일으키거나 관찰할 때는, 두 개의 전극이 필요하다. 용액상에서 환원 반응이 일어나는 전극을 환원 전극(cathode), 산화 반응이 일어나는 전극을 산화 전극(anode)이라 한다. 산화 반응이 일어나는 전극에서 도선을 따라 외부로 전자가 이동되기 때문에 산화 전극은 −극이 되고, 환원

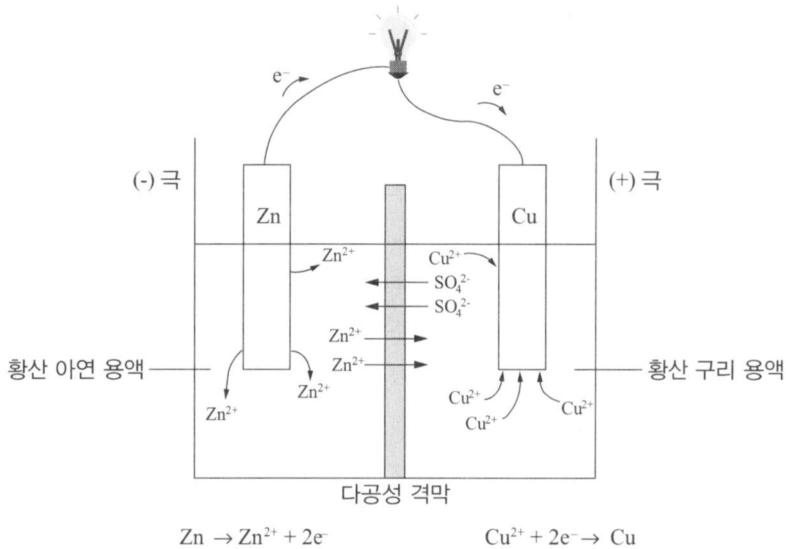

그림 10. 다니엘 전지

반응이 일어나는 환원 전극은 +극이 된다. 전지의 부호를 양극(+), 혹은 음극(–)으로 나타내는 경우와 반대가 되므로 혼동하지 말아야 한다.

3) 전극과의 전자 전달 반응

두 물질 A와 B, 상호 간의 전자 전달을 전기적인 신호로 끌어내기 위해서는 앞서 설명한 바와 같이 전극이 필요하다. 그러므로, 전극을 통한 전자 전달은 위의 전자 전달은 자발적으로 일어날 수도 있고, 전극을 이용하여 전기적인 에너지를 가해주어 일어나게 할 수도 있을 것이다. 물질 A의 에너지 준위가 물질 B보다 높으므로 전극을 이용하여 도선으로 연결하게 되면 자발적으로 전자 이동이 일어날 것이다. 이 경우 흐른 전류, 즉 전자의 이동은 A가 속해 있는 용액과 B가 속해 있는 용액의 에너지가 같아져 평형을 이룰 때까지 지속될 것이다. A의 에너지 준위가 B보다 낮은 경우는 자발적으로 전자의 이동이 불가능하고, 외부에서 전극을 통하여 전기적인 에너지를 가해주어 각각의 반응을 독자적으로 일어나게 할 수 있게 된다. 전극이 전자 받개 역할을 하고, 물질 A가 산화되면 이 전극은 산화 전극 역할을 한 것이다. 거꾸로 전극의 전위를 – 방향으로 움직여 준다는 것은 전극의 전자 에너지 준위를 높여주는 것이므로 어느 정도 되면 용액상의 물질 B로의 전극으로부터의 전자 전달이 가능해지며 이때는 전극이 전자 주개의 역할을 하며 B를 환원시켰으므로 환원 전극의 역할을 한 것이다.

4) 전기화학 셀

전자 전달 반응은 음전하를 띤 전자의 이동이므로, 이에 따른 전하의 불균형을 맞추기 위해 이온들의 이동이 함께 있게 된다. 두 전극이 담겨 있는 용액에 적당한 이온이 존재하는 전해질이 있어야 한다. 또, 두 반쪽 반응이 섞이지 않고 원활히 일어나도록 염다리, 막 등으로 구분하는 때도 있다. 전자의 전극을 통한 전달 속도보다 이온의 이동 속도가 느린 경우에는 이온의 이동이 전체 전극 반응 속도를 결정하는 요인이 된다.

전기화학 반응이 일어나는 전기화학 셀(electrochemical cell)은 최소한 두 개의 전극이 담긴 전해질 용액으로 이루어져 있다고 볼 수 있다. 전극은 보통 금속과 같은 도체가 많이 이용되고 있고, 전해질은 수용액, 유기 용액, 고분자 물질, 용융염 등 이온의 이동이 가능하면 무엇이나 다 이용할 수 있다. 우리가 일상 사용하는 전지, 혹은 도금을 위한 장치 등이 다 전기화학 셀에 속하는 것이다. 다니엘 전지는 산화 전극으로 아연 막대, 환원 전극으로 구리 막대를 사용하며 전해질로 황산 아연 용액과 황산 구리 용액이 두 개의 반쪽 반응이 섞이지 않도록 하는 다공성 격막 혹은 염다리로 분리되어, 전자 전달 반응에 따른 이온에 이동만 원활하도록 구성되어 있다. 아연이 산화되고, 구리이온이 환원되는 반응은 자발적으로 일어나면 두 전극 사이에서 약 1 V 정도의 전압이 생기며 시간에 따라 점점 감소하게 된다. 이와 같은 전지를 간단하게 표시하는 방법이 있는데, 일반적으로 산화가 일어나는 전극을 왼쪽에 환원이 일어나는 전극을 오른쪽에 나타내며 짧은 수직선으로 계면을 나타내며 분리막은 두 개의 수직선으로 나타낸다. 다니엘 전지의 경우에는 $Zn(s) | Zn^{2+}, SO_4^{2-} \| SO_4^{2-}, Cu^{2+} | Cu(s)$ 로 표시하게 된다.

각 이온의 농도는 이온 다음에 괄호 안에 표현하면 된다. 결국, 다니엘 전지는 두 개의 반쪽 반응인 아연의 산화와 구리 이온의 환원이 전극을 통하여 자발적으로 일어나며 화학적인 에너지가 전기적인 에너지로 변환되는 것이다.

2 표준 전극 전위와 네른스트 식

전지 산업은 이차 전지, 연료 전지를 통해 전기 에너지를 저장하였다가 필요하면 꺼내 사용하도록 에너지에 대한 접근을 변화시키고 있다. 여러분은 표준 전극 전위를 공부함으로써 전기가 발생하는 현상에 대하여 과학적으로 설명할 수 있을 것이다.

1) 전극 전위(electrode potential)와 기준 전극(reference electrode)

앞의 다니엘 전지와 같이 두 전극 사이에 초기에 1V 정도의 전압이 측정되는 것은 두 전극을 포함한 반쪽 반응을 이루는 물질이 다르므로, 즉 두 전극의 전위(potential)가 다르기 때문이다. 이러한 전지의 전위차는 하나의 반쪽 전극의 전위에서 다른 반쪽 전극의 전위를 뺀 값인데, 일반적으로 환원 전극의 값에서 산화 전극의 값을 빼주어 양의 값으로 나오도록 표현하고 있다.

여러 가지 기준 전극이 사용되고 있는데, 전극 전위의 기준값의 표준으로 쓰이는 것이 바로 수소 전극이다. 개략적으로는 1기압의 수소 이온 농도 1 M(정확하게는 활동도) 용액에 잘 활성화된 백금 전극이 있는 반쪽 전지를 말한다. 이러한 전극을 표준 수소 전극(standard hydrogen electrode, SHE), 혹은 노르말 수소 전극(normal hydrogen electrode, NHE)이라 하고, 이것의 전위를 모든 온도에서 0.000 V라 약속하였다. 그러므로 수소 전극을 기준으로 여러 가지 다른 전극의 전위 측정이 가능해지게 되는데, 이렇게 표준 수소 전극을 기준으로 측정된 전위값을 전극 전위(electrode potential)라고 한다. 전극 전위는 E로 표시하고, 그 전극 반응에 관여하는 모든 물질의 활동도가 1일 때의 전극 전위 값을 E^o(표준 전극 전위, standard electrode potential)로 표시한다.

2) 표준 전극 전위의 의미

일반화학 교과서 및 많은 화학 관련 교재의 뒷부분에는 표준 전극 전위(standard electrode potential) 혹은 표준 환원 전위(standard reduction potential) 표가 첨부되어 있다. 반쪽 반응이 환원되는 형태로 쓰여 있으므로, 표준 환원 전위라 부르는 것이다. 그런데, 문제가 되는 것은 어느 물질이 산화될 때는 어떤 식의 반쪽 반응을 적용할 것인가 하는 점이다. 표준 수소 전극에 대한 상대적인 전위값이므로 산화 혹은 환원의 방향과 무관하게 어떤 반쪽 반응의 전위는 결정되는 것이다. 표준 전극 전위로 표현하는 것이 IUPAC에서 제안된 가장 적합한 표현 방법인데, 표준 전극 전위는 상대적인 값으로서 산화되기 쉬운 물질일수록 더 큰 음의 값을 갖게 되고, 환원되기 쉬운 물질일수록 더 큰 양의 값을 가지게 된다. 여기서 밝혀둘 것은 표준 전극 전위값이 양이냐 음이냐는 그 물질이 산화되느냐 환원되느냐와 아무 상관이 없다는 점이다. 즉, 전위값이 −쪽에 있는 물질부터 + 값을 갖는 물질로 차례로 배열하게 되면, 단순히 열역학적인 관점에서 산화되기 쉬운 물질부터 산화되기 어려운 물질, 혹은 환원되기 쉬운 물질로 배열하는 것이다. 다른 표현으로 나타내면, 전자를 상대방에게 주기 쉬운 물질, 즉 환원력이 강한 물질, 다시 말하면 강한 환원제일수록 더 큰 음의 값을 가지게 되고, 산화력이 강한 물질일수록 더 큰 양의 값을 가지게 된다. 반대로 환원제들은 음의 방향으로 큰 값을 가지는 쪽에 위치하게 되고, 산화제들은 반대로 양의 방향으로 큰 값을 갖는 위치에 존재하게 된다.

표준 전극 전위는 반쪽 반응에 대한 것이므로 두 개의 반쪽 반응에 대한 전위값을 비교하면서 전자 전달이 자발적으로 일어날 수 있을지 혹은 어느 물질이 전자를 주고, 어느 물질이 전자를 받을 것인가를 나타내는 지표가 된다. 또한, 두 물질 사이의 전자 전달을 통해 얻어지게 되는, 혹은 그 전달 반응에 필요한 열역학적인 에너지가 얼마나 될지 알 수 있는 정량적인 척도가 된다. 몇 가지 물질의 전극 전위를 모아 놓은 표 15를 예로 들어 설명하면 훨씬 쉽게 이해할 수 있을 것이다. 표준 전극 전위가 가장 큰 음의 값을 갖는 것을 맨 위에 두고 차례로 정렬시키는 방식으로 설명하겠다. 이는 각 물질이 가진 전자의 에너지가 큰 것부터 차례로 배열하는 것과 같은 의미이고, 일반적인 에너지 도표에서 높은 에너지를 위쪽으로 두는 방식과도 일치한다.

첫 번째로, 귀금속으로 분류되는 금(Au), 은(Ag), 동(Cu)을 살펴보도록 하겠다. 비싼 귀금속일수록 오랫동안 그 광택을 유지한다. 광택을 유지한다는 것은 산화

표 15. 몇 가지 물질의 표준 전극 전위

반쪽 반응	E^o (V)
$Li^+(aq) + e^- \rightarrow Li(s)$	−3.040
$K^+(aq) + e^- \rightarrow K(s)$	−2.924
$Na^+(aq) + e^- \rightarrow Na(s)$	−2.713
$Al^{3+}(aq) + 3e^- \rightarrow Al(s)$	−1.676
$Zn^{2+}(aq) + 2e^- \rightarrow Zn(s)$	−0.763
$Fe^{2+}(aq) + 2e^- \rightarrow Fe(s)$	−0.440
$2H^+(aq) + 2e^- \rightarrow H2(g)$	0.000
$Cu^{2+}(aq) + 2e^- \rightarrow Cu(s)$	+0.340
$I_2(s) + 2e^- \rightarrow 2I\text{–}(aq)$	+0.535
$Ag^+(aq) + e^- \rightarrow Ag(s)$	+0.800
$Br_2(l) + 2e^- \rightarrow 2Br^-(aq)$	+1.065
$Cl_2(g) + 2e^- \rightarrow 2Cl^-(aq)$	+1.358
$Au^+ + e^- \rightarrow Au(s)$	+1.68
$F_2(g) + 2e^- \rightarrow 2F^-(aq)$	+2.866

되지 않고 금속 형태, 즉 환원형으로 안정하게 존재한다는 것을 의미한다.

$E^o(Au/Au^+)$= +1.68 V, $E^o(Ag/Ag^+)$ = +0.800 V, $E^o(Cu/Cu^{2+})$ = +0.340 V으로서 잘 녹슬지 않는, 즉 잘 산화되지 않는 것일수록 표준 전극 전위값이 더 양의 방향에 존재함을 알 수 있다. 상대적으로 쉽게 산화되는 철은 $E^o(Fe/Fe^{2+})$ = −0.440 V로 금, 은, 동에 비하여 더 음의 방향에 존재함을 알 수 있다.

두 번째로, 아주 쉽게 산화되는 1족의 금속 원소들을 보자. $E^o(Li/Li^+)$ = −3.024 V, $E^o(K/K^+)$ = −2.942 V, $E^o(Na/Na^+)$ = −2.713 V의 표준 전극 전위 값을 갖는 것으로부터 아주 쉽게 산화되는 물질, 즉 환원형보다 산화형이 훨씬 안정한 물질의 경우에는 상대적으로 큰 음의 값을 가짐을 알 수 있다. Al의 경우 표준 전극 전위가 −1.676 V의 값을 가져 무척 쉽게 산화될 것으로 예측되지만, 실제로는 철보다 산화(녹)되는 것이 심하지 않다. 조밀한 알루미늄 산화막이 쉽게 형성되어 산소의 침투를 막아 더 이상의 산화를 방지하기 때문이다.

세 번째로, 전자를 쉽게 받아 환원형이 안정한 할로젠 원소들을 보자. $E^o(F/F^-)$

= +2.866 V, $E^o(Cl/Cl^-)$ = +1.358 V, $E^o(Br/Br^-)$ = +1.065 V, $E^o(I/I^-)$= +0.535 V 로서 대부분 양의 값을 가진다. 또한 전기 음성도가 가장 큰 F의 전위값은 가장 양의 방향에 존재함을 알 수 있다. 즉, 전자를 끌어당기는 성질이 클수록, 즉 환원되기 쉬울수록 더 양의 방향에 존재함을 확연히 알 수 있다.

이상의 세 가지 대표적인 경우만 보더라도, 표준 전극 전위는 산화되기 쉬운 물질은 음의 방향으로 전위가 나타나게 되고, 환원되기 쉬운 물질일수록 더 양의 방향으로 전위가 나타나게 된다. 전자를 내어주기 쉬운 물질, 환원력이 좋은 환원제(Mg, Na, Zn)들은 대부분 음의 방향 전위에 위치하게 되고, 전자를 잘 빼앗아 오는 산화제(I_2, Br_2, Cl_2)들은 양의 방향의 전위를 가지고 존재하게 된다. 결국, 표준 전극 전위는 수소/수소 이온을 기준으로 하여 이 물질보다 더 잘 산화되는 물질은 음의 방향으로 차례로 늘어놓고, 더 잘 환원되는 물질은 양의 방향으로 차례로 늘어놓아 상대적으로 어느 것이 더 잘 산화 혹은 환원되는지를 알 수 있게 해 주고, 정량적인 지표로 삼을 수 있도록 한 것이라 이해하면 좋을 것이다.

이온화 경향(ionization energy), 전자 친화도(electron affinity)는 여기서 이야기하는 환원력, 산화력과 일치하는 개념인데, 단지 반응이 일어나는 매체가 진공이냐 용액이냐의 차이일 뿐이다. 그러므로 일반적으로 이온화 경향이 큰 물질일수록 전자를 잃고 산화가 되기 쉬운 것들이므로 표준 전극 전위값이 더 음의 방향에 존재하게 되고, 전자 친화도가 큰 물질들일수록 전자를 받아들여 환원되기 쉬운 물질이므로 표준 전극 전위값은 더 양의 방향에 존재하게 된다.

전기화학에서 제일 흔하게 쓰이는 다니엘 전지의 반쪽 반응을 이루고 있는 Zn과 Cu의 경우를 생각해 보자. Zn이 산화가 잘 되면, Zn^{2+}는 환원되기 어려울 것이다. 산화가 잘 되는 것이나, 환원이 잘 안 되는 것은 음의 방향에 전극 전위가 존재하게 된다. Zn/Zn^{2+}의 전극 전위가 −0.763이라는 것은 Zn/Zn^{2+} 쌍이 수소/수소 이온 쌍에 비하여 상대적으로 더 잘 전자를 내어주는 쌍이라는 것을 나타낸다. Zn과 H^+가 같이 있으면 Zn으로부터의 전자 전달이 가능하지만, Zn^{2+}와 H_2가 같이 있는 경우에는 자발적인 전자 전달은 불가능함을 의미한다.

표준 상태(엄밀하게는 vs. SHE)의 다니엘 전지는 −0.763 V의 전극 전위를 가진 아연 전극과 +0.340 V의 전극 전위를 가진 구리 전극으로 구성되어 있으므로 아

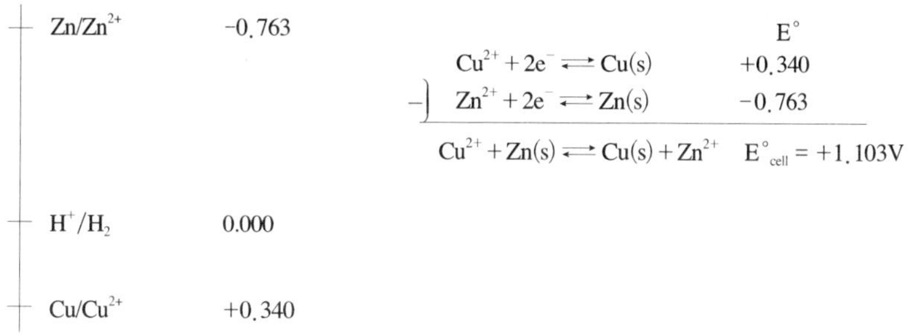

그림 11. 아연과 구리의 전극 전위의 개념적 도시

연에서 구리 이온으로 전자 전달이 자발적으로 일어나게 된다. 두 개의 다른 반쪽 반응으로 이루어진 전체 셀의 전압을 계산하는 경우에 부호를 절대로 바꾸지 말고, 환원이 일어나는 전극의 전위에서 산화가 일어나는 전극의 전위를 빼주어, 즉 $E_{cell} = E_{cathode} - E_{anode}$로 계산하는 것이 가장 올바른 방법이다. 그러므로 표준 상태에서 다니엘 전지가 나타낼 전압은 $+0.340 - (-0.763) = 1.103$ V 형태로 계산하는 것이 적합하다.

3) 네른스트 식

표준 전극 전위(E^o)는 물질의 종류에 따른 산화력, 환원력을 나타내는 지표라면, 네른스트 식은 한 종류의 물질에 대하여 그것의 양과 온도에 따른 전위를 나타내는 표현법이라 이해하면 좋을 것이다. 반쪽 반응에 대한 네른스트 식은 아래와 같이 일반적으로 표현되며 25℃ 상온일 때는 다음과 같이 표현된다.

$Ox + ne^- \rightarrow Red$: 이것은 산화제가 전자를 받아 환원 상태로 되는 반응식이다.

$$E = E^o + \frac{RT}{nF} \ln \frac{[Ox]}{[Red]}$$

$$= E^o + \frac{0.059}{n} \ln \frac{[Ox]}{[Red]} \quad (25℃)$$

이 식을 네른스트 식이라고 하는데. 이 식은 반쪽 반응에 대한 에너지를 표현한 식이다.

대수 항으로 표현되는 부분은 관찰하는 물질의 농도와 관련된 값과 관계되므로 실제 네른스트 식은 물질의 성질(qualitative property) 혹은 종류와 관계된 Eo와 양 혹은 농도(quantitative property)와 관계된 대수항의 두 부분으로 나누어 생각할 수 있다. 물론 온도가 표준 상태가 아닐 때는 첫 번째 식을 사용하여 온도의 변화에 따른 전극 전위의 변화를 계산할 수 있다. 논의를 쉽게 하려고 온도는 상온으로 일정한 것으로 하기로 해 보자. 그러므로 네른스트 식은 표준 상태가 아닌 농도에서의 전극 전위를 예측하고, 이로부터 전지의 전압을 추정하는 데 유용한 식이다. 더 중요한 응용은 실험적으로 전극 전위를 기준 전극에 대하여 측정하게 되면, 그 물질의 표준 전극 전위는 알려져 있으므로, 용액에 존재하는 물질의 농도에 대한 정보를 얻을 수 있게 되는 점이다. 이처럼 전압을 측정하여 물질의 농도를 결정하는 전기화학적인 방법을 전위법(potentiometry method)이라 한다.

그러면, 표준 상태가 아닌 다니엘 전지의 전압을 계산하는 과정을 따라가 보며, 네른스트 식의 의미와 전극 전위의 의미를 다시 한번 살펴보도록 해 보겠다. 만일 아연 이온의 농도가 0.10 M, 구리 이온의 농도가 0.010 M이라면, 환원 전극인 구리 전극의 전극 전위는 $E_{Cu/Cu^{2+}} = +0.340 + 0.059/2\log(0.010) = +0.340 - 0.059 = +0.281$ V로 계산되고, 산화 전극인 아연 전극의 전극 전위는 $E_{Zn/Zn^{2+}} = -0.763 + 0.059/2\log(0.10) = -0.763 - 0.030 = -0.793$ V로 계산된다. 그러므로, 이 경우의 전지 전압은

$$E_{cell} = E_{cathode} - E_{anode} = E_{Cu/Cu^{2+}} - E_{Zn/Zn^{2+}} = +0.281 - (-0.793) = 1.074\ V$$

로 계산된다. 이를 그림과 같은 방식으로 도시하여 보면 온도 변화에 따른 전극 전위의 변화를 쉽게 이해할 수 있다.

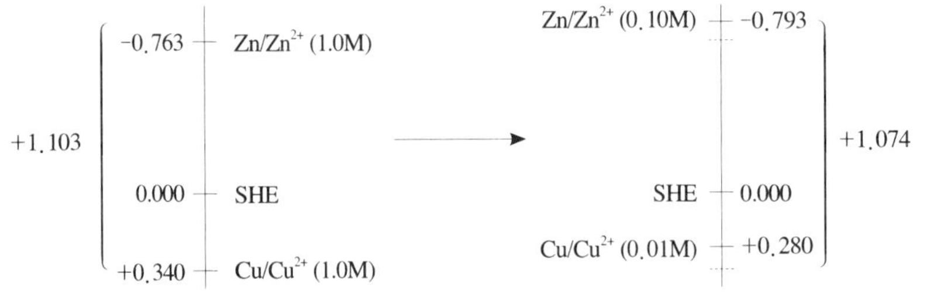

결과만 보면, 표준 상태에서 1.103 V의 전압을 내는 다니엘 전지가 아연 이온의 농도를 1/10, 구리 이온의 농도를 1/100로 낮추어 주게 되면, 1.074 V로 전압이 29 mV 감소하였음을 계산할 수 있다. 그러나 여기까지만 계산하고 말면, 전기화학에서 전극 전위의 개념에는 아무것도 접근하지 않고 끝내는 것과 마찬가지가 된다. 각각의 반쪽 전극 반응을 자세히 살펴보자. 환원 전극의 경우 구리 이온의 농도가 0.010 M으로 감소함으로 인해 구리 전극의 전극 전위는 표준 상태와 비교하여 음의 방향으로 59 mV 이동하게 된 것이다. 전위가 음의 방향으로 이동했다는 것은 환원 반응이 일어나기가 더 어려워졌다는 의미이다. 이는 간단히 르샤틀리에 법칙으로 생각하여 보아도 환원 반응으로 표시되는 반쪽 반응에서 반응물의 농도가 줄어들게 되면, 정반응인 환원 반응이 어려워지는 것과 일치한다. 산화 전극의 경우도 마찬가지로 아연 이온의 농도가 1/10로 줄어듦에 따라 30 mV 음의 방향으로 전극 전위가 이동함을 알 수 있다. 그러므로, 전체 전지의 전압이 29 mV 감소한 것은 농도의 변화에 따라 전극 전위가 음의 방향으로 환원 전극은 59 mV, 산화 전극은 30 mV 이동한 결과가 합쳐졌기 때문이다. 마찬가지로, 만일 구리 이온의 농도와 아연 이온의 농도가 같은 값으로 작아졌다면, 각각의 전극 전위가 같은 양만큼 음의 방향으로 이동하여 전체 전지의 전압은 표준 상태와 마찬가지일 것이라는 것을 쉽게 예측할 수 있다. 그러므로, 전극 전위가 높다/낮다고 표현하는 것보다 더 음의 방향에 있다/더 양의 방향에 있다 표현하는 것이 개념적으로 훨씬 유리함을 알 수 있다.

정리

1. 다니엘 전지를 중심으로 전지에서의 산화 반응과 환원 반응, 그리고 표준 환원 전위와 네른스트 식에 관하여 공부하였다.
2. 전위차에 의한 전기 발생 현상을 최대한 구체적으로 공부하였다.

정전기 발견과 피뢰침의 발견

고대 그리스 사람들은 호박이라는 보석을 장신구로 사용했는데, 철학자 탈레스는 호박을 천 조각으로 문지르게 되면 머리카락이나 작은 물체가 붙는 현상인 정전기를 발견하였다. 1600년 영국의 길버트라는 과학자가 『자석에 관하여』라는 책에서 작은 물체가 붙는 성질을 그리스어 호박석을 의미하는 'electrica'라는 용어를 사용했다고 한다. 전기를 의미하는 'electric', 'electricity'가 모두 여기서 유래하였다. 그 후 뮈센 부르크라는 네델란드 과학자는 '정전기를 모아 뒀다가 필요할 때 꺼내쓰면 어떨까'라는 생각에서 라이덴병(Leyden jar)을 발명하였다. 라이덴병은 유리병 안팎에 납 금속(lead foil)을 붙이고, 유리병 입구에 청동으로 만든 막대가 달린 공 모양의 전극(brass rod)를 끼우고, 막대 끝에는 청동 사슬을 이어 유리병 바닥에 닿도록 되어 있다.

미국 100달러 지폐에는 미국의 정치가로 미국독립 기초의원이었던 벤저민 프랭클린의 얼굴이 그려져 있다. 벤저민 프랭클린은 1752년에 그의 유명한 실험인 '연 실험'을 행하였고, 번개가 전기를 방전한다는 것을 증명하였다. 라이덴병과 정전기에 흥미를 보이던 프랭클린은 라이덴병에 저장되었던 전기가 방전할 때 생기는 불꽃을 보고 마찰 전기를 이해했고, 번개가 전기 작용이라는 것과 전기 작용이라는 것을 확인할 수 있는 실험을 고안하였다. 1752년 프랭클린은 아들 윌리엄 프랭클린(William Franklin)과 비구름 속에 연을 날려서 전기를 모으는 실험을 했다고 한다. 날카로운 금속 도선이 위쪽에 장치되어 있는 연을 비구름 속으로 날렸다. 연줄 끝에는 비단 리본을 매고 그 끝에 금속으로 만든 열쇠를 매달았다. 구름 속에서 번개가 치자 전기가 연줄을 타고 흘러 금속으로 만든 열쇠를 대전시켰다. 손가락을 열쇠에 살짝 대자 라이덴병을 만졌을 때처럼 퍽 하고 불꽃이 튀며 손가락에 짜릿한 통증을 느꼈다. 이 열쇠를 라이덴병에 대고 전기를 저장하는 데 성공했다고 한다. 프랭클린은 번개도 전기가 만들어 내는 현상이라는 자신의 생각을 바탕으로 번개를 구름에서 끌어내 안전하게 땅으로 흐르게 하기 위해 금속으로 만든 첨탑을 세우자고 제안했다. 이렇게 해서 낙뢰를 피할 수 있는 피뢰침이 발명되었다. 피뢰침이 낙뢰의 피해를 막는 데 효과적이라는 것이 밝혀진 후에도 프랭클린은 피뢰침으로 특허를 받지 않았으며, 이를 이용하여 경제적 이익을 얻으려고 하지도 않았다고 한다.

출처: 김석환, 『열정과 야망의 전기 이야기』(대영사, 2010)에서 발췌하여 편집. 허가를 받아 사용됨.

연습문제

1 객관식 **다이엘 전지에 대한 해석으로 잘못된 것은? (　　)**

① 구리의 전자들이 황산 구리 속의 Cu^{2+}이온들과 결합하여 구리로 석출된다.

② 아연은 산화되며 0.76 V가 생기고 구리가 환원되며 0.34 V가 생긴다.

③ 그래서 두 전극 사이의 전위차를 0.76~0.34로 0.42 V가 생긴다.

④ 액상에서 환원 반응이 일어나는 전극을 환원 전극(cathode), 산화 반응이 일어나는 전극을 산화 전극(anode)라 한다.

2 O, X 문제 **다니엘 전지에서 아연은 산화하여 0.76 V가 생기는데 이는 전위차 때문에 발생한다.**

(　　)

3 주관식 **표준 수소 전극과 환원이 일어나는 반쪽 전지를 결합시켜 만든 전지에서 측정한 전위를 무엇이라고 하는가?**

12장

반도체 공업

이 장에서는 반도체 공업의 특징, 반도체 원리와 종류, 반도체 제조 원료, 제조 기술을 주제로 공부할 것이다.

1 반도체 기초 이론: 반도체 공업의 특징

전기를 잘 통하지 않게 하는 물질을 부도체 또는 절연체라고 하고 전기를 잘 통하게 하는 물질을 간단히 도체라고 부른다. 반도체는 전기가 반쯤 통하는 성질을 가지는 물질이며, 작은 에너지를 가했을 때 전기가 흐르는 물질을 말한다. 반도체는 상온에서 전기 전도율이 구리 같은 도체와 유리 같은 부도체의 중간 정도이다. 이런 특성은 작은 에너지에도 전기가 흐른다는 것으로 바꿔 설명할 수 있다. 전기가 흐른다는 것은 전자의 이동으로 보면 된다. 즉 아주 낮은 전압의 전기 에너지만으로도 전자가 흐르는 물질이라는 것이다. 이런 특징 때문에 반도체는 원하는 대로 저항의 크기를 조절하거나 빛을 내는 등 특별한 성능을 가질 수 있어, 전자 산업발전의 핵심 역할을 하고 있다. 우리 주위의 모든 전자제품에는 반도체로 만든 조그마한 부품들이 들어 있으므로 우리는 반도체라는 물건에 둘러싸여 사는 셈이다. 반도체를 마법의 돌, 전자 산업의 꽃, 산업의 쌀, 20세기 최대의 발명품 등으로 부르는 것은 당연한 일이기도 하다. 이 책의 초반부에 3차 산업혁명이 1970년대부터 시작되었는데 전자공학이 이 발전을 주도해왔다고 설명했다. 컴퓨터 전자 산업과 정보통신 산업이 급성장할 수 있었던 것은 바로 이 반도체라는 핵심소재 및 소자가 끊임없이 발전하였기 때문이다.

반도체를 이해하려면 반도체를 만드는 원소와 이 원소들의 화학적, 양자역학적 특성을 먼저 이해해야 한다. 반도체의 재료가 되는 원자들은 탄소–실리콘–저마늄(게르마늄)으로 이어지는 주기율표의 14족 원소들이다. 여기에 붕소–알루미늄–갈륨 등의 13족이나 질소–인–비소–안티모니의 15족 원자들이 불순물로 들어갔을 때도 반도체 특성이 구현된다. 가장 많이 쓰이는 반도체 소재는 실리콘 결정에 불순물을 넣어서 만든 것으로 주로 집적회로를 만드는 데 쓰인다. 실리콘 원자에 13족이나 15족 원자들이 불순물로 섞여 결합하여 결정을 만들면 이 과정에 이온 결합, 금속 결합, 공유 결합, 결정 구조 등의 다원자 결합이 진행되는데, 결합 전자들이 결합 에너지 띠(밴드)를 이루고 있다. 이를 원자가띠(valence band) 혹은 공유 결합대라고 한다. 원자가띠의 전자에게 충분한 에너지를 걸어주면 공유 결합대에서 전자가 자유롭게 이동할만한 전도띠(전도대, conduction band)로 이동할 수 있게 된다. 이때 흐르는 전자를 자유 전자라고 한다. 이런 현상을 설명하는 이론으로 준자유 전자 모형(nearly free electron model)이나 분자 오비탈 이론(molecular orbital theory)이 있다.

하나의 원자에 포함된 전자는 각각 자신의 에너지 준위(level)를 가지고 있다. 원자들이 모여 교체 결정을 이룬다면, 서로의 전자가 같은 에너지 준위에서 결합할 수 있는데 파울리 배타 원리에 따라 최대 두 개가 서로 반대의 스핀으로 결합한다. 원자 내부의 전자들은 양자화된 에너지 준위를 가지지만 원자 간의 간격이 가까워져서 서로 간섭을 일으키게 되면 파울리의 배타 원리에 의해서 영향을 주고받는 원자들의 개수만큼 에너지 준위가 분리된다. 고체의 경우 원자 간 간섭 때문에 오비탈의 에너지가 갈라지고, 각 원자의 미세한 차이들이 모여 전자가 존재 가능한 연속영역인 에너지 띠(allowed energy band)와 전자가 존재하는 것이 불가능한 에너지 영역(forbidden band)이 생기며 빈 공간인 띠 틈(band gap)이 만들어진다. 원자가띠와 전도띠 사이에는 에너지 대역(에너지 밴드갭)이라고 하는 에너지 차이가 존재하는데 이 에너지 밴드갭을 극복할 만한 충분한 에너지를 가해주면, 즉 전기장이 가해지면 전자가 이동할 수 있게 되어 전류가 흐르게 된다. 그 에너지 차이(Eg)가 전자당 5 V 이상 에너지를 가해야 겨우 전자가 흐를 수 있는 경우는 부도체이고 0 V에도 전자가 흐르면 도체이다. 반도체에는 1 V 이하를 걸어주면 전자가 흐른다.

이러한 반도체들은 독특한 몇 가지 특징을 가지고 있다. 첫째, 금속은 가열하면 저항이 커지지만, 반도체는 반대로 작아진다. 둘째, 반도체에 섞여 있는 불순물의 양에 따라 저항을 매우 커지게도 할 수 있다. 셋째, 교류 전기를 직류 전기로 바꾸는 정류 작용을 할 수도 있다. 넷째, 반도체가 빛을 받으면 저항이 작아지거나 전기를 일으키는데 이를 광전 효과라고 한다. 다섯째, 어떤 반도체는 전류를 흘리면 빛을 내기도 한다.

반도체 물질에서 전기를 흐르게 하는 물질에는 전자 외에도 정공(hole: 구멍, 즉 전자가 빠진 자리라는 뜻)이 있다. 전자는 마이너스(negative) 전기를 가지고 있고 전자가 많은 반도체를 N타입 반도체라 한다. 정공이 많은 반도체는 P타입 반도체라고 한다. N타입이나 P타입 반도체는 반도체에 첨가하는 불순물의 종류에 따라 마음대로 만들 수 있고, 그 불순물의 양에 따라 전자나 홀의 개수도 조절할 수 있다.

반도체는 여러 가지 특징을 가지고 있으므로 이것들을 이용하여 특별한 성능을 가진 부품을 만들 수 있다. 집적회로는 사진기술과 밀접히 연관되며, 개인용 컴퓨터나 핸드폰처럼 제품을 소형으로 만들 수 있는 것은 바로 집적화 기술 덕분이다. 트랜지스터나 다이오드를 개별 소자라고 부르는 것에 비해서 이런 소자들을 모은 반도체를 집적회로라고 한다. 집적회로는 플래너(planar) 기술이 개발된 이래 눈부시게 발전하였다. 플래너 기술이란 웨이퍼라고 하는 평평한 반도체판 표면에 트랜지스터 등의 소자를 새겨 넣는 것을 말한다. 이 집적회로 기술에는 포토마스크라고 하는 사진기술이 도입되었다. 인화지에 해당하는 웨이퍼 위에 필름 역할을 하는 마스크를 놓고 자외선을 쬐어주어 아주 정밀하고 복잡한 회로를 새겨넣는 것이다.

집적회로의 중요한 역할을 정보의 저장하는 기억(메모리)과 여러 가지 조건으로 연산할 수 있다는 것이다. 기억용량이 핵심인 메모리 집적회로에는 램(RAM)과 롬(ROM)이 있다. 집적회로의 연산 작용을 가장 잘 발휘하는 것이 마이크로프로세서(microprocessor)인데, 컴퓨터의 두뇌인 중앙 처리장치(CPU: Central Processing Unit)에 사용된다.

반도체는 1947년 미국의 벨연구소에서 세계 최초로 트랜지스터를 개발함으로써 세상에 나오게 되었다. 이것은 1957년 트랜지스터로 만든 라디오를 탄생시키는 데 중요한 역할을 하였다. 이후 1958년 미국의 텍사스 인스트루먼츠라는 회사에서 다수의 트랜지스터가 하나의 공간에서 집적된 집적회로를 개발하였고, 기술개발이 가속되어 1970년에 미국의 인텔에서 1K DRAM, 1974년 8bit CPU를 개발하여 출시하였다. 이후 애플, IBM에서 반도체를 이용하여 개인용 컴퓨터를 만들었다. 반도체 기술은 급성장하여 1983년 일본의 히타치에서 1M DRAM을 개발하였고, 이어서 삼성전자가 1996년에 세계 최초로 1G DRAM을, 2001년에 0.10 μm인 4G D램을 개발하였다.

우리나라 반도체 산업은 1965년 미국의 Commy사가 한국에 반도체조립공장을 세우면서 시작하였다. 이후 한국반도체가 설립되었고, 이것을 1977년 삼성반도체가 인수하여 삼성이 반도체를 시작하였다. 1982년 한국전자통신연구원(ETRI)에서 32K ROM를 국내 최초로 자력으로 개발하였다. 삼성의 故이병철 회장이 1983년 반도체를 시작한다고 도쿄 선언을 할 때 투자자들은 비웃었으며, 이미 10년 정도 앞선 일본에서는 '한국이 반도체를 할 수 없는 5가지 이유'라는 칼럼까지 써질 정도로 무시했었다고 한다. 그러나 1983년 삼성전자는 64K DRAM을 국내 최초로 개발함으로써 상용화된 반도체를 자력으로 국내 최초로 개발하였다. 일본에 한참 후발이었지만 1992년 64M DRAM, 1994년 256M DRAM을 세계최초로 개발함으로써 반도체 강국으로 도약하는 계기가 되었다. 1992년에는 수출 100억 불을 달성하였고, 1996년에는 메모리반도체 세계 2위를 달성하였다. 현재는 메모리반도체 세계 시장점유율이 52%로 1등이고, 수출이 571억 불로 단일 품목으로 우리나라에서 수출을 가장 많이 하는 품목으로서 국가 경제에 많이 이바지하고 있다. 2022년 세계 반도체 산업은 미국이 3,095억 불, 400조가 넘는 52%의 시장점유율을 지니고 있고, 우리나라는 1,052억 불, 140조로 17.7%의 점유율을 지녔으며 그 경쟁력은 강화되는 추세이다. 일본은 514억 불, 70조로 8.6%의 점유율에 경쟁력의 약화가 지속해서 진행되고 있으며, 최근 대만이 445억 불, 60조로 7.5%의 점유율을 지녔고, 시스템반도체 파운더리로 그 경쟁력이 증가하는 추세이다. 전 세계적으로 메모리 부분에서는 한국, 시스템반도체 분야에서 미국의 경쟁력이 유지되고 있다. 2022년 우리나라 반도체 산업은 미국에 이어 2위로, 반도체 세계시장 5,957억 불, 800조가 넘는 시장에서 17.7%의 점유율을 나타내었고, 이 중 메모리는 세계시장의 60.5%를 점유, 주력제품인 D램은 세계시장 점유율 70.5%로 글로벌시장 지배력을 유지하고 있다.

반도체의 재료로는 저마늄과 실리콘이 있다. 그중에서 실리콘은 열에 강하고 지구상에서 산소 다음으로 매우 흔한 물질로 모래나 돌멩이 유리, 수정 등의 주성분이므로 우리 주위에서 가장 흔하게 보는 물질이기 때문에, 현재는 이것을 더 많이 사용한다. 밴드갭 에너지 전달 등을 고려하면 저마늄, 실리콘, 비소화 갈륨(gallium arsenide) 순으로 처리 속도가 빨라져 초대규모집적회로인 VLSI에는 실리콘보다 처리 속도가 5배 빠른 비소화 갈륨이 사용된다. 가장 많이 활용하는 실리콘을 반도체로 사용하기 위해서 모래를 화학 처리하여 실리콘만을 뽑아 정제 과정을 거쳐 순도를 높게 한 것을 다결정 실리콘이라고 한다. 이것을 다시 녹인 다음 특수한 기술로 천천히 굳혀서 원통 모양의 단결정 실리콘 막대인 잉곳(ingot)을 만든다. 이 실리콘 잉곳이 톱으로 얇게 자르는 공정(sawing)을 거치면 웨이퍼가 만들어진다. 웨이퍼는 폴리싱과 세척 공정을 거치고 검사 공정을 거쳐 반도체 노광 공정으로 보내진다. 거친 표면을 매끄럽게 갈아내고 표면을 평평하게 만드는 화학적 기계적 연마공정을 CMP 공정이라고 한다.

순수 반도체(intrinsic semiconductor)는 진성 반도체라고도 하며 불순물이 전혀 없는 반도체로 전기 전도도가 매우 낮아 전류가 거의 흐르지 않는 반도체이다. 원자핵 주위에 14개의 전자를 가진 규소(Si, 실리콘)로 구성된다. 4족의 실리콘 원자의 최외각 궤도에 있는 4개의 전자는 다른 원자의 전자와 결합하여 안정된 상태를 유지하여 전기 전도도가 매우 낮다. 불순물 반도체는 순수 반도체에 불순물을 첨가한 반도체이다. 불순물의 종류에 따라 반도체의 전기 전도도가 크게 달라진다. 불순물로 3족의 붕소나 알루미늄을 넣어주면 실리콘과 공유 결합을 이룰 전자가 부족하기 때문에 정공(hole)이라는 빈자리가 생겨난다. 이 정공은 외부에 전기장이 가해지면 받개(acceptor) 역할로 근처 공유 전자가 정공을 계속 메우면서 이동해 나갈 수 있으므로 전하 수송체(charge carrier)가 된다. 이런 반도체를 P형 반도체라고 한다.

실리콘 순수 반도체에 인, 비소, 안티모니(Sb)를 넣어주면 5족의 이 원자들은 최외각 전자가 5개 있으므로 4가의 실리콘과 결합하다 보면 하나의 전자가 결합하지 못한 상태로 남게 된다. 이를 잉여 전자라고 하고 전자를 주는 주개(donor) 역할로 전기장이 가해지면 자유 전자가 되어 이동하는 전하 수송체가 된다. 그래서 이런 반도체를 N형 반도체라고 한다. 이렇게 주개나 받개 역할을 하는 불순물을 도펀트(dopant)라고 하고 불순물이 도핑된 반도체를 외인성 반도체, 비고유 반도체 등으로 부르며, 불순물 종류 및 농도에 따라 전기적 특성이 달라진다. 일반적인 반도체 소자들은 이러한 외인성 반도체를 제조하여 PN 접합 다이오드나 트랜지스터를 구성하고 이를 회로에 응용하여 만들어진다. PN 접합에서는 정공과 자유 전자가 서로 이동하면서 전류가 흐른다.

실리콘 반도체 소자들은 실리콘 웨이퍼를 기판으로 그 위에 평면형 소자들로 집적된다. 이러한 소자를 제조하기 위해서는 세정, 박막 형성, 식각, 도핑 등 여러 가지 제조공정이 필요하다. 4족 실리콘 진성 반도체 외에 PN 접합에 따라 알루미늄–비소, 알루미늄–안티모니, 갈륨–비소, 갈륨–안티모니 등의 3족~5족 PN 접합 반도체와 2족~6족의 카드뮴–셀레늄 반도체 등도 만들 수 있다. 반도체는 PN 접합 원리를 이용하여 다양한 전자 부품으로 사용된다. 예를 들어, 트랜지스터는 PN 접합을 이용하여 전류를 증폭하거나 차단하는 기능을 하는 반도체 소자이다. 다이오드는 전류가 한 방향으로만 흐르도록 하는 반도체 소자이다. 집적회로는 트랜지스터, 다이오드, 저항기, 커패시터 등 다양한 반도체 소자를 집적한 반도체 부품이다.

2 반도체 제조 프로세스

지금까지 반도체가 무엇이고 반도체 공업의 특징에 대하여 알아보았다. 이번에는 반도체의 제조 프로세스에 대하여 더 자세히 공부하겠다. 첫 번째 단계인 실리콘 웨이퍼를 만드는 과정은 앞 절에서 대략 이야기했으니 이 실리콘 단결정 합성 과정에서 발생하는 선결함, 면 결함 등에 대하여 알아보겠다.

금속 결정을 잡아당길 때 금속이 늘어나 원래로 돌아가지 않는 변형을 소성 변형이라고 한다. 실리콘의 결합은 다이아몬드형 결정으로 원자의 미끄러짐이 일어나 인상 전위(edge dislocation)이나 나사 전위(screw dislocation)가 발생할 수 있다. 면은 비교적 원자 밀도가 높은 [111]면이고 변형 방향은 〈110〉이다. 이 면결함 발생 시 두 개의 단결정이 어떤 결정학적 방향으로 접합하고 있는 상태, 한쪽의 결정을 어떤 결정축의 주위에 회전하는 것에 의해 원래의 상태로 되돌아가는 것을 쌍결정(twin)이라 하고 다결정에 존재하는 결함으로 단결정 사이의 면 결함을 결정립계(grain boundary)라고 한다. 일반적으로 각결정립의 방위각이 15° 이하의 경우 소경 각립계라 부르고 15° 이상의 경우 대경 각립계라고 한다. 층이 쌓이는 순서가 잘못되는 적층 결함(stacking fault), 원자 배열의 주기성이 흐트러져서 미결합수를 갖는 원자가 존재하여 형성되는 격자결함을 미결합수(dangling bond)라고 한다. 실리카 결정의 경우 이 미결합수에에 H 또는 OH가 화학적으로 결합하고 있어 통상 자연 산화막을 형성한다.

두 번째 단계는 산화 공정이다. 반도체는 반도체 집적회로를 제작하는 나노 공정의 미세한 작업을 통해 만들어진다. 여기에 마이크론 크기의 작은 먼지라도 붙게 되면 전기가 제대로 흐르지 못하고 불량이 만들어진다. 그래서 반도체 표면의 오염을 막아주는 보호막을 입히는데 이것이 산화 공정이다. 실리콘 웨이퍼 표면에 장벽층을 형성할 물질인 SiO_2를 도포한다. 공정에 따라 Si_3N_4 질소화 실리콘, 다결정 실리콘, 금속을 사용하기도 하며 열적 산화 과정, 화학기상법(CVD), 스퍼터, 진공증착법을 사용한다. 건식 산화는 산소만 이용하는 것이며, 산화막 성장 속도가 느리기 때문에 얇은 막을 만들 때 사용한다. 이에 비해 습식 산화에는 산소와 수증기를 함께 이용하므로 산화막 성장 속도가 빠르고 두꺼운 막을 형성한다. 산화막이 이후 반도체 공정 과정에서 발생하는 오염물질이나 화학물질로부터 생성되는 각종 불순물로부터 웨이퍼 표면을 보호해준다. 초기 실리콘 웨이퍼는 금속성의 회색이지만 실리콘 산화막 층이 형성되면 막 층 두께에 따라 다양한 색상을 띤다.

세 번째 공정은 웨이퍼에 반도체 회로를 그려 넣는 포토 공정, 즉 포토리소그래피이다. 산화막이 입혀진 웨이퍼에 빛에 반응하는 감광액(포토레지스트)을 발라 웨이퍼를 사진의 인화지처럼 만든다. 그리고 회로 패턴이 담긴 마스크에 빛을 통과해 웨이퍼에 회로를 그린다. 노광장비인 스테퍼(stepper)를 이용해 웨이퍼에 마스크 회로를 그린다. 반도체 IC 회로 제작 과정에서 회로 배열이나 패턴이 담긴 네거티브 필름이나 유리를 포토마스크라고 한다. 설계한 전자회로 패턴이 그려진 포토마스크에 빛을 쪼아 웨이퍼에 전자회로 패턴을 찍어낸다. 이 과정을 포토마스킹이라고 한다. 웨이퍼는 수천 개의 반도체 칩이 되는데 이 칩 하나하나가 마스크를 통해 그려진 회로를 포토마스킹 공정을 거쳐 만들게 된다. 포토마스크는 반도체 IC나 LCD 제작 시 필름과도 같은 역할을 하며 반도체 집적도와 LCD 해상도를 좌우하므로 매우 중요한 공정이다. 감광제도 음성 감광제 IC 방식과 양성 감광제 VLSI 방식 두 종류가 있다. 감광제가 노출된 실리콘 산화막은 제거된다. 마스크 작업은 IC 작업 동안 수 차례 수행되며 공정의 난이도는 마스크의 수로 가늠된다. 마스크는 최종 칩 이미지보다 100 ~ 2,000배 크게 컴퓨터그래픽으로 제작한다. 래티클은 유리기판 위에 자외선 등의 빛을 차단하는 박막을 형성한 후 레지스트를 도포시킨 것으로 광학 패턴 제작기, 전자빔 시스템으로 최종크기보다 1 ~ 10배 크게 제작한다.

네 번째 공정은 반도체 구조를 형성하는 패턴을 만드는 식각 공정(에칭, etching)이다. 식각은 철을 부식시켜 그리는 동판화와 같은 원리이다. 식각에는 습식 화학 식각과 비등방성 건식 식각의 두 가지 방법이 있다. 습식 화학 식각은 플루오린산에 웨이퍼를 담가 식각하는 방법이고 건식법은 세부적 방법에 따라 플라스마 식각, 스퍼터 식각, 반응이온 식각 등이 있다. 포토마스킹 공정을 통해 회로를 그렸으면 불필요한 부분을 벗겨내는 과정이 필요한데 이것이 식각 공정이다. 건식 식각을 하면 산소 플라스마 안에서 감광제를 태워서 제거하는 방식이므로 마스크와 하부층에 대한 선호도가 높고, 비등방석 식각을 통해 정확한 패턴 형성이 가능하고 자동화가 가능하다는 장점이 있다. 반면에 공정 변수가 많고 플라스마 내의 이온 충격이나 라디칼에 의한 손상 및 오염 문제 발생 가능성이 있으며, 선택도가 떨어진다는 단점이 있다. 습식 식각은 화학액을 이용하며 저비용이지만 정확도가 떨어져 최근에는 건식 식각이 확대되는 추세라고 한다. 감광액이 남아있는 부분이 회로도의 선 부분이고, 이외의 부분은 감광액이 제거된다. 감광액이 제거된 부분은 회로가 아닌 필요 없는 부분이니까 감광액이 제거된 부분의 산화막도 제거하는 과정이 필요하고 이 과정이 식각 공정이다.

다섯 번째 공정은 증착과 이온 주입 공정이다. 식각 공정을 마친 웨이퍼에는 회로를 한 층만 쌓는 것이 아니라 여러 층을 쌓아 반도체를 만든다. 여러 층을 쌓아 바로 아래층의 회로와 위층의 회로가 가까워지면 서로 영향을 줄 수 있어 불량 제품이 나오게 된다. 아래층의 회로와 위층의 회로가 서로 영향을 주지 않도록 해줘야 하는데 이 과정이 박막 증착 공정이다. 그래서 아래층 회로에 위층 회로를 쌓기 전에 절연막을 덮어준다. 박막의 두께는 나노미터에서 마이크로 단위이다. 에칭 후 에칭된 창을 통해 이온 주입법이나 높은 온도의 확산법으로 불순물을 주입하거나, 실리콘에 접합을 만들거나, 금속을 증착한다. 화학적 기상 증착(CVD: Chemical Vapor Deposition)과 물리적 기상 증착(PVD) 방법이 있으며 반도체는 주로 CVD를 사용한다. CVD에서는 금속 막을 씌우면 전기가 잘 흘러 소통을 원활하게 하고 절연막을 씌우면 회로와 회로를 분리해주는 역할을 하게 된다. 여기에 웨이퍼 내부에 이온 불순물을 집어넣는 확산 공정을 통해 부도체였던 웨이퍼를 위에서 배운 외인성 반도체로 만드는 과정이다.

여섯 번째는 금속 배선 공정이다. 금속 배선 공정은 전기가 잘 통하는 금속의 성질을 이용해 반도체의 회로 패턴을 따라 전기가 흐르는 선, 금속 선을 이어주는 과정이다. 반도체는 전기가 잘 통해야 하므로 알루미늄 같은 선을 연결해 전기가 잘 통하는 길을 만든다.

일곱 번째는 EDS(electron die sorting) 공정이다. 반도체 칩이 전기가 잘 통하는지 작동이 잘 되는지 품질을 검사하는 단계이다. 하나의 웨이퍼에서 수백, 수천 개의 반도체 칩이 만들어지게 된다. 수율이 높을수록 웨이퍼 한 장으로 많은 칩을 만들 수 있다. 전기적 특성 검사를 통해 각각의 칩들이 원하는 품질 수준에 도달하는지 테스트하는 과정으로 총 다섯 단계로 진행된다.

EDS의 다섯 단계

1. 소자들에 대한 전기적 특성 테스트를 통해 작동 여부 확인하고 웨이퍼에 열을 가해 제품의 잠재적인 오류 탐지하는 ET Test를 한다.
2. Pre-Laser 단계로 전기적 신호를 통해 칩의 불량 여부 확인한다.
3. Laser Repair and Post Laser로 1~2단계에서 repair가 가능하다고 판단한 칩들은 모아 수선하는 공정으로 EDS test 중 가장 중요한 공정이다.
4. Tape Laminate and Bake Grinding 공정으로 웨이퍼 후면을 갈아 칩을 얇게 하는 공정이다. 교통카드, 여권 등에 들어가는 IC 카드처럼 얇은 제품 조립 시 필요하다.

5. Inking 공정으로 Pre–Lase, Post–Laser에서 발생한 불량 칩에 특수 잉크를 찍어 불량 제품을 식별한다.

반도체 제조 총 8단계 공정에서 마지막 여덟 번째는 패키징 공정이다. 웨이퍼에 수백 수천 개의 칩이 만들어져 있으면 이들을 전자기기에 들어갈 수 있는 부품의 크기에 맞게 자르고 포장하는 공정이 패키징 공정이다. 웨이퍼를 낱개의 칩으로 절단하고 분리된 칩을 리드프레임에 옮긴다. 리드프레임은 반도체 칩과 PCB 기판의 외부 회로를 연결하는 전선과 반도체를 기판에 고정하는 버팀목 역할을 하는 금속 기판이다. 이어서 금선 연결하는 와이어 본딩 공정을 거친다. 와이어 본딩으로 기판과 기판 위의 칩을 가는 금선으로 연결하여 이를 통해 칩을 외부 전원과 연결할 수 있다. 이어서 습기나 열로부터 칩을 보호할 목적으로 몰딩 공정을 거치는데 수지로 된 EMC(epoxy molding compound)에 고온을 가해 원하는 모양으로 만든다. 마지막으로 반도체 장비 검사를 통해 전압, 전기 신호, 온도, 습도 등의 상황에 대해 제품을 테스트하여 불량품을 걸러낸다.

이상의 공정을 전공정과 후공정으로 나누기도 하는데 전공정은 웨이퍼를 생산하고 웨이퍼 위에 회로를 만드는 과정이고 후공정은 테스트하고 웨이퍼 위에 생산된 회로를 자르고 포장해 최종 상품을 만드는 과정을 말한다. 쉽게 전공정은 웨이퍼 제조에서 금속 배정 공정까지를, 후공정은 테스트, 패키지 공정을 의미한다. 반도체 소자를 만드는 제조라인을 FAB이라고 한다. FAB의 재료는 웨이퍼 제조공정, 연마공정 그리고 진공에서 원자를 증착하는 에피탁시 공정마다 반도체 제조용 가스나 순도의 원료들이 사용된다.

반도체 8대 공정을 모두 스스로 한다면 종합반도체 기업이라고 한다. 삼성전자, SK하이닉스, 인텔, 마이크론이 종합반도체 기업이다. 회로설계만 하는 기업을 팹리스(FABless) 기업이라고 하며 퀄컴과 애플 등이 대표적인 팹리스 기업이다. 설계대로 웨이퍼를 만들고 산화, 포토, 식각 등의 공정을 거쳐 반도체를 만들어주는 기업을 파운드리라고 하며 대만의 TSMC, 우리나라의 DB하이텍이 파운드리 기업이다. 패키징을 전문으로 하는 우리나라 기업으로는 엠코, 스태츠칩팩 등이 있다.

반도체는 인류가 고도 정보화 시대를 살아가는 데 가장 중요한 소자이다. 우리나라의 미래가 걸려있는 기술이다. 앞으로 4차 산업혁명의 시대에서도 그 중요성이 더 확대될 것이다. 반도체 산업의 핵심기반은 화학공학이다. 공업화학 차원에서 반도체 산업발전에 이바지할 부분이 매우 많다. 이 장의 내용을 통해 반도체 산업에 대한 학생 여러분들의 관심이 확대되는 계기가 되었기를 바란다.

정리

1. 반도체는 전기가 반쯤 통하는 성질을 가지는 물질이며, 작은 에너지를 가했을 때 전기가 흐르는 물질을 말한다.
2. 반도체에는 진성 반도체와 외인성 반도체가 있다.
3. 반도체 제조공정은 총 8단계로 나뉜다.

읽을거리 무어의 법칙과 황의 법칙

무어의 법칙(Moore's law)은 인텔의 공동 창업자인 고든 무어가 1965년 이야기한 반도체 집적회로 성능 관련 법칙이다. 이는 반도체 집적회로의 성능, 즉 메모리의 용량이나 CPU의 속도가 24개월마다 2배씩 향상된다는 '기술 개발 속도에 관한 법칙'이다. 이 법칙은 1971년부터 2004년까지 30년 이상 잘 맞을 만큼 비약적으로 반도체 기술의 발전이 진행되었다.

2002년 삼성전자 황창규 기술총괄 사장은 샌프란시스코에서 열린 국제반도체 학회 학술회의에서 '메모리 신성장론'을 발표하였는데, 무어의 법칙과 달리 메모리반도체의 집적도가 1년에 두 배씩 늘어난다고 주장하였고 이를 황의 법칙(Hwang's Law)이라고 한다. 2008년 128GB짜리 NAND 플래시 메모리가 발표되지 않을 때까지 매년 삼성전자는 황의 법칙에 맞는 제품을 개발하여 메모리반도체의 집적도를 매년 두 배로 증대하며 이론을 입증하는 데 성공하였다.

연습문제

1 객관식 **반도체 소재들의 특징에 해당하지 않는 것은? (　　)**

① 가열하면 저항이 커진다.

② 반도체가 빛을 받으면 저항이 작아지거나 전기를 일으키는 데 이를 광전 효과라고 한다.

③ 반도체는 교류 전기를 직류 전기로 바꾸는 정류 작용을 할 수도 있다.

④ 반도체 물질에서 전기를 흐르게 하는 물질에는 전자 또는 정공이 들어 있다.

2 O, X 문제 **진성 반도체는 실리콘 웨이퍼에 인이나 붕소를 도핑하여 만든다.**

(　　)

3 주관식 **포토마스크로부터 실리콘 표면 위 감광제에 패턴을 전사하는 과정을 무엇이라고 하는가?**

13장

탄소 화학 재료 산업

이 책의 마지막인 13장에서는 탄소 재료 화학을 다룰 것이다. 그래핀과 풀러렌으로 크게 나뉘는 탄소 재료 화학 중에서 에너지 저장과 관련된 부분을 중심으로 탄소 화학의 개요와 전력저장 전지용 탄소, 이차 전지용 탄소 재료와 연료 전지용 탄소 재료 등 에너지산업에의 탄소 소재의 활용을 주제로 알아 보자.

1 탄소 재료 산업의 개요 및 일·이차 전지용 탄소 재료

1) 탄소 화학 개요

1772년에 프랑스 화학자 라부아지에(A. Lavoisier, 1743~1794)는 숯과 다이아몬드를 각각 태우면, 이들이 물을 생성하지 않고, 무게당 같은 양의 이산화 탄소를 생성한다는 것을 발견하여 다이아몬드와 숯이 화학적으로는 같은 원소임을 알아냈다. 250년 전 셸레(C. Scheele, 1742~1786)라는 과학자는 당시에 납의 일종으로 여겼던 흑연이 탄소의 또 다른 형태임을 알아냈다. 라부아지에는 1789년에 출판된 자신의 저서에 탄소를 원소로 기록하고, 목탄을 뜻하는 라틴어 carbo로부터 'carbon'이라는 이름을 붙였다. 20세기 후반 풀러렌이 발견되기 전까지만 해도 탄소는 숯, 흑연, 다이아몬드의 3가지 결정체만 존재하는 줄 알았다.

에너지 저장 기술 분야는 최근 탄소 재료를 이용하여 일차 전지(primary battery), 이차 전지(secondary battery), 초고용량 커패시터(super-capacitor, ultra-capacitor, or electrochemical capacitor), 연료 전지(fuel cell) 등에서 눈부신 발전을 보여왔다. 이러한 탄소 재료는 전기화학적 에너지 저장장치 분야와 최근 새롭게 주목받고 있는 수소 저장 분야 등에서도 활발하게 연구되고 있다. 1996년의 노벨 화학상은 풀러렌(fullerene)을 발견한 공로로 3명의 과학자에게 수여되었다. 그리고 2010년의 노벨 물리학상은 2차원 물질 그래핀(graphene)에 대한 획기적 실험을 한 공로로 2명의 과학자에게 수여되었다. 풀러렌과 그래핀은 숯, 흑연, 다이아몬드와 마찬가지로 탄소 원자로만 이루어진 물질이다. 이렇게 그래핀과 풀러렌으로 크게 나뉘는 탄소 재료 화학 중에서 에너지 저장과 관련된 부분을 앞으로 살펴볼 것이다.

2) 일차 및 이차 전지용 탄소 재료

우리가 흔히 건전지라고 하는 르클랑셰(Leclanché) 전지가 발명된 1864년 이후, 탄소 재료는 일차 전지의 중요한 원료가 되었다. 기울여져도 누액되지 않고, 안전하게 휴대할 수 있는 휴대용 간이전원으로서 여러 가지 일차 전지가 개발된 것은 탄소 재료의 능숙한 사용법을 발견했기 때문이라고 말할 수 있다. 일차 전지용 탄소재는 집전 전극 역할과 도전재로서 전지의 내부 저항을 줄여 더 큰 전류를 생산하는 역할을 한다. 또 전해액을 유지 보호하고, 생성되는 이온이나 전하의 이동을 부드럽게 하는 작용도 하고 있다. 망가니즈 전지에서는 탄소봉(carbon rod)이 집전체로 사용되고 있다. 탄소봉은 천연 흑연, 코크스(cokes), 인조 흑연 등의 원료를 바인더 핏치(pitch)와 혼합하여 성형한 후, 약 1200°C에서 소성하여 만들어진다. 탄소 전극은 더 많은 전류를 흐르도록 전도성을 0.005 Ω/cm 이하로 조절하고 있다. 전지에서 정극은 양이온을 수용하는 전극이고 부극은 음이온을 수용하는 전극이다. 알칼리 망가니즈 전지에서는 정극합제에 이산화 망가니즈와 중량비로 3～10%의 인상 흑연이나 인조 흑연 가루에 산화 아연을 포함한 40% 수산화 포타슘(수산화 칼륨) 전해액을 가해 섞어 3～10 ton/cm^{2}의 고압으로 원통상에 가압 성형한 것이 사용된다. 이때 사용되는 흑연재료는 정극합제의 도전성을 증가시키는 것뿐만 아니라, 고압에서 성형했을 때, 압축력을 해제한 후에도 합제의 형상을 유지할 수 있는 성질이 요구된다.

리튬 전지는 리튬 금속을 정극으로 사용한 일차 전지로 정극의 종류에 따라서 플루오린화 카본 리튬 전지, 리튬 망가니즈 전지, 리튬 염화싸이오닐 전지 등이 개발되어 있다. 플루오린화 카본 리튬 전지는 층간 화합물인 플루오린화 카본($(CF)_n$)을 전극으로 사용하는 전지로, 플루오린화 카본은 천연 흑연이나 인조 흑연을 원료로 하고 플루오린 가스 중에서 500～600°C로 약 24시간 동안 열처리하든지 석유계 코크스를 원료로 하여 400°C에서 수 시간 동안 처리하여 합성한 것을 사용하고 있다. 이 전지의 부극에도 도전재로서 탄소재인 아세틸렌 블랙이 5～10% 정도 사용된다. 리튬 망가니즈 전지 및 리튬 염화싸이오닐 전지에서도 아세틸렌 블랙이 도전재로 사용된다.

이차 전지는 휴대용 전원용 소형전지와 전기자동차용의 전력저장용 대형전지로 크게 구분하여 볼 수 있다. 휴대용 전원용 소형 이차 전지로는 니카드(nickel-cadmium) 전지, 니켈 수소 전지, 리튬 이온 이차 전지 등이 가장 대표적이다. 이 중에서 리튬 이온 이차 전지에 탄소 재료가 사용되고 있다. 현재 대부분의 이동 통신용 기기 및 휴대용 전자기기의 전원으로 리튬 이온 이차 전지가 사용되고 있다. 그 이유는 리튬 이온 이차 전지는 작동 전압이 3.6~3.7 V로 높아서 니카드 전지나 니켈 수소 전지를 3개 직렬 연결했을 때 얻는 전압과 같고, 에너지 밀도가 커서 동일 용량을 갖는 니카드 전지와 비교해서 무게는 1/2, 부피는 40~50% 정도로 작아질 수 있기 때문이다.

리튬 이온 전지는 정극, 부극, 분리막, 유기 전해액으로 구성되어 있으며, 정극은 주로 코발트산 리튬을, 부극은 탄소 재료를 이용하고 있다. 두 가지 모두 층상구조의 물질이며, 충·방전 반응은 정극과 부극 간의 리튬 이온의 이동 때문에 행해진다.

에너지 저장재료로 사용되는 탄소 재료는 (a) 저온처리 탄소 재료, (b) 탄소계 재료, (c) 흑연 재료, (d) 무정형 탄소계 재료, (e) 탄소 나노튜브(CNT: Carbon Nanotube), (f) 그래핀의 6종류로 크게 분류되고 각각 다른 특성을 보이다.

(a) **저온처리 탄소 재료**: 페놀 수지 또는 핏치류 등의 유기 화합물을 비활성 가스 중에서 400~1000°C로 열처리한 재료로 큰 충·방전 용량을 나타낸다. 이 탄소 재료는 탄소의 이론 용량인 372 mAh/g를 훨씬 넘는 400~600mAh/g의 높은 용량을 나타낸다.

(b) **탄소계 재료**: 900~2,000°C로 열처리한 재료로, 액정 구조를 계승한 미세 구조로부터 적층 구조의 발달 부분까지 혼재한 재료로, 흑연화 과정에 있는 재료라고 할 수 있다. 이러한 재료의 전기화학 용량은 200~250 mAh/g으로 그다지 용량이 크지는 않지만, 충·방전 시 전위 변화가 완만한 경사를 보이기 때문에 용량 변화를 쉽게 감지할 수 있고 충·방전 전류 밀도를 높여도 리튬 금속이 석출하는 전위와 충분한 전위차를 확보할 수 있으므로 안전한 재료로서 실용화되고 있다. 저온처리 탄소 재료를 1000~1200°C로 탄화한 경우나 인산 같은 것을 첨가하여 탄화한 경우에는 400~450 mAh/g의 높은 용량을 나타낸다는 보고도 있다.

(c) 흑연계 재료: 리튬 이온 전지의 부극으로 흑연을 사용하는 연구는 오래전부터 진행됐지만, 리튬 전지에 통상 사용되는 프로필렌 카보네이트계 전해액이 충전 시 흑연에 의해서 분해되므로 충분한 성과를 올릴 수 없었다. 흑연계 재료의 충·방전 반응은 전기화학적인 층간 삽입 반응으로 설명되며, 결정 구조가 잘 발달한 흑연계 재료는 350 mAh/g 정도의 용량을 나타낸다.

(d) 무정형 탄소 재료: 카본블랙류 등으로 200~300 mAh/g 정도의 용량을 나타내나, 비가역 용량이 큰 재료이기 때문에 실용화가 되지 않고는 있다. 카본블랙의 응집체 내에 미세공이 많을수록 용량이 크다고 알려져서 대형전지를 목표로 한 연구가 활발히 진행되고 있다.

(e) 탄소 나노튜브: 탄소 나노튜브는 가벼우면서도 높은 전기전도도와 화학적 안정성 및 큰 비표면적 등의 전기화학적 에너지 저장장치의 전극 활물질로 매우 우수한 물성을 지니고 있으므로 최근에 탄소 나노튜브를 초고용량 커패시터, 연료 전지 및 리튬 이온 전지의 전극 활물질로 사용하려는 연구들과 탄소 나노튜브를 수소 저장체로 이용하려는 연구들이 현재 활발히 진행되고 있다.

리튬 이온 이차 전지의 전극 활물질로 이용하는 연구에서 단일 벽 탄소 나노튜브(single wall CNT)가 다중 벽 탄소 나노튜브(multi wall CNT)에 비해 비교적 높은 비축전 용량을 나타냄을 알 수 있다. 단일 벽 탄소 나노튜브의 경우는 1,000 mAh/g 정도의 용량을 가지는 것으로 보고되고 있으며 다중 벽 탄소 나노튜브의 경우는 400 mAh/g 정도의 용량을 가지는 것으로 보고되고 있어, 현재 리튬 이온 이차 전지의 전극 활물질로 이용되고 있는 흑연의 최대 이론용량 372 mAh/g보다 높은 용량을 나타내는 것을 알 수 있다. 탄소 나노튜브를 리튬 이온 이차 전지의 전극 활물질로 이용하는 연구에서 가장 큰 문제가 되는 것은 첫 번째 충·방전 시에 비가역 용량이 가역 용량과 비슷할 정도로 너무 크다는 것이다.

(f) 그래핀: 그래핀은 2차원 구조를 갖는 탄소 기반의 나노소재로 전기적, 기계적, 물리적, 그리고 화학적 특성이 매우 뛰어나다. 특히 넓은 비표면적 및 뛰어난 전기전도도를 지녀 슈퍼커패시터 및 이차 전지와 같은 에너지 저장

소자로의 응용이 가능하여서 그래핀을 전극 소재로 활용한 에너지 저장 소자에 관한 연구가 활발하게 전개되고 있다. 슈퍼커패시터(super capacitor)는 단시간에 고출력을 발휘하며, 장기간 신뢰성을 갖추고, 빠른 충·방전 순환이 가능하다. 활성 탄소 등 탄소 소재 중심의 친환경적 원료를 사용해 기존의 메모리 백업 전원 시장에서부터 수송, 기계 및 재생 에너지 발전 시설에 고출력 전원으로 활용될 전망이다. 슈퍼커패시터는 고출력을 갖지만 에너지 밀도는 배터리나 연료 전지에 비해서 낮다. 슈퍼커패시터는 일반적으로 양극과 음극의 두 전극으로 구성되어 있으며, 모두 탄소 소재를 사용한다. 또한, 집전체로서 금속 호일 또는 탄소 기반 폴리머를 주로 사용한다.

3) 전력 저장 전지용 탄소 재료

ESS(energy storage system)는 신재생에너지의 보급으로 생산된 전기를 저장하는 에너지 저장 매체이다. 최근 스마트그리드를 활용하는 전력저장 기술로 고품질 전력 확보, 효율적 전력 활용, 전력 공급의 안정화 측면에서 ESS의 필요성이 증대되고 있다. ESS에 활용되는 전지 시스템에는 소듐(나트륨)-유황 전지, 아연-브로민 전지, 아연-염소 전지 등이 있고 이곳에 음극재로써 전력저장 전지용 탄소 재료가 활용된다. 전력저장용 전지에는 금속을 부식하는 전해액이 많이 사용되고 있으므로 탄소의 내식성을 활용한 여러 가지의 탄소 재료가 사용되고 있다. 소듐-유황 전지는 소듐만을 통과시키는 고체 전해질을 사이에 두고 한쪽에 용융 소듐 부극을 다른 쪽에 용융 유황의 정극이 배치된 전지로 이 전지의 이론 에너지밀도는 780 Wh/kg으로 300～350℃의 고온에서 운전된다. 용융 유황은 높은 전도성을 갖는 흑연화 탄소 섬유에 함침되어 산화-환원 반응이 탄소 섬유 표면에서 일어난다. 아연-브로민 전지는 이론 에너지 밀도가 428 Wh/kg이나 출력 밀도가 납 축전지의 2배를 나타내기 때문에 전기자동차용 또는 전력저장용으로 개발되고 있다. 이 전지에 사용되는 전극은 부식성이 강한 브로민에 노출되기 때문에 금속은 사용하지 못하고 내식성이 높은 탄소 재료가 사용되고 있다.

2 연료 전지용, 초고용량 커패시터용 및 수소저장용 탄소 재료

이 절에서는 탄소화합물을 활용하는 연료 전지, 초고용량 커패시터, 수소저장용 탄소 재료를 주제로 공부할 것이다.

1) 연료 전지용 탄소 재료

직접 탄소 연료 전지(DCFC: Direct Carbon Fuel Cells) 혹은 직접 석탄 연료 전지(CFC: Coal Fuel Cells)는 고온형 연료 전지인 고체산화물 연료 전지(SOFC)와 용융 탄산염 연료 전지(MCFC)로부터 파생된 차세대 고온형 연료 전지 기술이라고 말할 수 있다. 고온형 연료 전지도 일반적으로 수소를 연료로 가장 많이 이용하며 최근 메테인, 에테인, 뷰테인, 디젤과 같은 탄화수소계(hydrocarbon) 연료를 이용하려는 연구가 활발히 진행되고 있지만 사용되는 Ni 기반 촉매가 대부분 연료 중에 포함된 탄소 증착(침착)(C–C deposition, formation) 문제로 장기 가동 시 문제가 발생하고 있다.

연료 전지는 무공해 전력 공급장치라는 점에서 차세대 청정에너지 발전 시스템으로 주목받고 있다. 연료 전지는 모듈화에 의한 발전소를 만들 수도 있다. 연료 전지를 이용한 발전소는 발전소 건설 기간의 단축과 입지 선정이 쉽다. 따라서 대형건물의 자가발전용, 화력발전소 대체용, 전기자동차 전원용, 군사용 이동전원 등 다양하고 경제적으로 전력을 공급할 수 있으며, 천연가스, 도시가스, 나프타, 메탄올, 폐기물 가스 등 다양한 연료를 사용할 수 있다는 장점이 있다. 연료 전지는 내부 전해질에 따라서 인산형, 알칼리형, 고분자 전해질형, 직접 메탄올형 및 고체 산화물형의 5가지 형태로 구분된다. 각 연료 전지는 근본적으로 같은 원리에 의해서 작동된다. 이 중 탄소 재료를 가장 많이 사용하는 연료 전지의 형태는 인산형 연료 전지와 고체 고분자형 연료 전지이다.

연료 전지는 크게 연료 전지 본체, 연료개질 장치, 전력변환장치로 구성되며 탄소 재료는 연료 전지 본체에 주로 많이 사용된다. 연료 전지 본체에 탄소 재료가 사용되는 부분은 촉매지지체, 촉매담체, 바이폴러 플레이트판, 분리판 등이 각자의 기능을 달리한 탄소 재료로 구성되어 있다. 전극 지지체는 촉매 층을 지지하는 역할 외에도 전극 촉매층과 분리판 사이의 전류 집전체 역할을 하며 전지 내의 반응물과 생성물의 촉매 층의 안과 밖으로 통하는 매개체가 된다. 따라서 전극 지지체는 다공성이어야 한다. 즉 전극 지지체는 분리판을 통과하여 들어온 수소와 혹은 산소가 전극 반응 면(촉매 층)에 도달할 수 있도록 50～90% 정도의 기공율을 가진 탄소 종이(carbon paper)를 주로 사용한다. 이 탄소 종이는 반응 기체 중에 포함된 수분이 기공 사이를 막는 현상을 방지하기 위하여 방수 처리를 하여 사용하고 있다. 또 전극 지지체는 전극 촉매 층을 형태를 일정하게 유지하여 전해질과 접촉면을 일정하게 만들어주는 역할도 수행한다. 전극 내의 저항을 최소화하기 위해서 전극 지지체의 전도도는 매우 높아야 한다. 전극의 지지체에 주로 사용되는 탄소 종이는 탄소섬유와 수지의 혼합물을 성형 소결하여 만들며 기공률은 60～80% 정도, 평균 기공 크기는 20～40 μm이다. 고체 고분자 전해질형 PEMFC 연료 전지에서는 탄소 종이 대신에 직물 형태의 탄소섬유를 사용하는 때도 있다. 연료 전지에서 수소와 산소 가스를 사용하기 위하여 이들을 전해질에 공급하여 주고, 가스와 전해질 사이의 경계층에서 반응이 일어나도록 촉매를 설치하여야 한다.

전기화학 반응 때문에 전자를 이동시키기 위해서 전기 전도성이 좋은 도체를 거쳐 촉매에 도달하도록 해야 한다. 그래서 이를 위해서 가스 확산 전극이 필요하다. 가스 확산이 잘 일어나게 하려고 다공성인 탄소 종이를 사용하게 되는 것이다. 전극 촉매 층은 일반적으로 백금이 첨가된 탄소 분말인 카본블랙이 사용되며 이 탄소 분말은 반응 면적을 높이는 역할을 한다. 전극의 성능을 향상하고 전지 수명을 늘리기 위해서는 고성능 전극 촉매 층을 제조하여야 한다. 따라서 백금 촉매의 활성 면적을 높이기 위해서는 백금 촉매를 탄소에 담지하는 방법 및 탄소 재료의 특성 등이 중요하게 작용한다.

최근에 백금 촉매의 활성을 높이려는 방법으로 탄소 나노튜브에 백금 나노 입자를 고르게 분산시켜 연료 전지의 성능을 향상하기 위한 연구가 활발히 진행되고 있다. 탄소 나노튜브는 나노 입자로 만들어진 백금 촉매의 응집을 방지하는 고정용 구조물 역할을 한다. 탄소 나노튜브가 만드는 그물구조와 탄소 나노튜브 사이의 넓은 공간들은 연료의 빠른 흐름을 유도하고, 백금의 촉매 효율을 최대화하는 효과가 있다. 바이폴러 판은 전지 형태에 따라서 다공성 바이폴라 판과 치밀한 구조의 바이폴라 판으로 나뉘고 이때 사용되는 탄소가 각각 상이하다. 다공성 바이폴라 판의 구조는 기체분배 역할을 하는 다공성 탄소체를 가지고 있는 형태이며, 치밀한 구조의 바이폴러 판은 반응기체 통로 및 분리판 역할을 동시에 수행하는 형태이다. 바이폴라 판 역시 전기전도도가 높아야 하며 높은 기계적 강도가 요구된다. 바이폴라 판의 제조방법은 탄소 분말이나 탄소 섬유를 수지와 혼합하여 고압으로 성형 후, 불활성 분위기에서 열처리하여 제조한다. 단위 전지 적층 시 사용되는 분리판은 전기 저항이 작고, 가스 투과율이 낮으며 강도가 높아야 하며 제조방법은 흑연 등의 탄소 재료에 수지를 첨가하여 압축 성형한 후 소성하여 제조한다.

2) 초고용량 커패시터용 탄소 재료

슈퍼커패시터가 에너지를 저장하는 메커니즘은 전기 이중층(electric double layer capacitor, EDLC)과 준커패시턴스(psuedocapacitor) 등 2가지로 나누어 볼 수 있다. 전기 이중층 거동을 보이는 커패시터는 활성 전극에서 전해질 용액 내 이온들의 정전기력에 의해 가역적인 흡·탈착으로 에너지를 저장한다. 슈퍼커패시터에 사용되는 활성 전극은 전기화학적으로 안정돼 있어야 하며, 이온의 흡·탈착을 많이 시킬 수 있도록 비표면적이 넓어야 한다. 또한, 전기 이중층 전극에서 산화/환원 반응(redox reaction)이 일어나지 않아야 한다. 이처럼 전극의 표면을 이용한 저장 메커니즘은 빠른 에너지의 저장과 수송을 통한 고출력을 유도한다. 한편, 슈퍼커패시터는 산화/환원 반응이 수반되지 않기 때문에 높은 에너지 밀도를 갖는 데에 한계가 있는데, 준커패시턴스는 가역적인(reversible) 패러데이 반응(Faraday reaction)을 일으킨다. 이때 사용되는 전극 재료로는 화학적으로 변형시킨 탄소 재료, 금속 산화물, 전도성 폴리머 등이 있다. 준커패시터는 충·방전 사이클의 안정성은 떨어지지만 에너지 밀도는 전기 이중층 커패시터에 비해 뛰어나며, 산화/환원 반응을 통해 전하의 이동 시간을 늘릴 수 있다. 슈퍼커패시터의 특성 향상을 위해 전해액, 분리 층의 두께, 전극의 기공 크기, 부피, 저항, 기계적 안정성을 조절해야 한다.

각종 휴대용 전자기기를 비롯하여 전기자동차 등과 같은 독립된 전원 공급장치가 요구되는 시스템이나 순간적으로 발생하는 과부하를 조절/공급하는 시스템을 위한 에너지 저장 장치로서는 흔히 배터리를 먼저 생각하게 되나 아직 실제 실용을 위한 목표치에 맞는 저장 시스템이 개발되어 있지 못한 상태이다. 전기에너지를 저장 및 활용하는 과정에서의 에너지 입출력적(즉, 동력적) 측면에서는 배터리보다 커패시터가 우수한 성능을 가지고 있다. 이는, 커패시터가 갖는 에너지 저장 메커니즘이 산화 환원 과정이 있는 열역학적(thermodynamic)인 메커니즘에 의존하는 배터리와는 달리 매우 빠르고 가역적인 이온들의 운동학적(kinetic)인 메커니즘에 기인하는 것이어서 충전 속도가 빠르고 충·방전 효율이 배터리보다 높으며 충·방전 반복 사용 수명이 매우 길어지기 때문이다. 기술 선진국들은 1990년대 초부터 비약적으로 발전한 신소재 기술에 힘입어서 이러한 커패시터의 장점을 유지하며 에너지 저장 능력을 향상하기 위한 연구 개발을 꾸준히 수행했으며 이에 종래의 커패시터보다 고용량의 축전능력을 가진 초고용량 커패시터를 개발하여 소형의 전자부품용과 반도체 칩의 메모리 back-up용 UPS(uninterruptible power source)를 이미 상품화하였다.

커패시터의 축전능력을 표시하는 척도로서 단위 중량당 에너지 저장량의 개념인 에너지 밀도를, 충·방전 능력을 표시하는 척도로서 단위 중량당의 커패시터가 단위 시간 동안 공급할 수 있는 에너지량(즉, 동력)의 개념인 동력 밀도를 사용하여 설명하면, 초고용량 커패시터의 에너지 밀도는 최신형 배터리(이차 전지)의 약 1/10 수준, 동력 밀도는 거의 100배 가까운 수준으로 향상되었다. 이는 충전 시에 전하를 가두고 방전 시에 전하를 끌어내는 커패시터의 전극체로서 종래의 커패시터와는 달리 비표면적이 크고 세공분포가 제어된 활성 탄소/섬유를 비롯하여 산화 금속, 전도성 고분자물질 등의 high-tech 소재를 활용하고 정밀제조 공정기술을 적용함으로써 가능하게 된 것이다. 따라서 전기자동차(EV: electric vehicle)에 배터리와 함께 조합된 부하조절(load leveling) 기능의 초고용량 커패시터가 사용될 것이며 특히 소형의 내연기관(internal combustion engine)에 초고용량 커패시터가 장착된 하이브리드 전기자동차(HEV: Hybrid Electric Vehicle)는 이미 개발되어 시판되고 있다. 또한, 계속된 신소재 개발 때문에 21세기 초에는 초고용량 커패시터가 배터리 수준의 에너지 밀도를 가지는 제품이 전기자동차 이외의 여러 분야에서도 실용화되어 보급될 것으로 기대된다.

슈퍼커패시터의 성능을 결정하는 다양한 인자 중에서 가장 중요한 부분은 탄소 재료로 이루어져 있는 전극 소재이다. 대표적인 탄소 전극 재료는 활성탄(activated carbon), 탄소 나노튜브, 그래핀 등이 있다. 그중 그래핀은 대표적인 나노카본 재료로서, 슈퍼커패시터의 응용에 있어서 높은 비표면적 및 뛰어난 전기전도도로 기존의 탄소 기반 재료를 능가하는 것으로 논문에서 보고되고 있다. 전극 물질로서 그래핀의 특징을 살펴보면, 이론적으로 높은 비표면적(specific surface area: 2,630 m^2/g), 높은 열전도도 및 전기전도도(electrical conductivity: 5,300 W/mK, 200 S/m)를 가지며, 높은 전기 이중층 커패시터(~21 $\mu F/cm^2$)의 용량을 얻을 수 있다. 이는 넓은 비표면적으로 인해 많은 이온이 쉽게 활성층에 흡·탈착할 수 있기 때문이며, 전극의 저항이 작아 전하를 이동시키는 것이 효과적이기 때문이다.

3) 수소저장용 탄소 재료

탄소 재료를 수소 저장체로 사용하려는 시도는 1970년대 흑연에 알칼리 금속을 도핑하면 수소 저장량이 현저하게 증가한다는 사실이 밝혀지면서부터이다. 그러나 수소 저장 합금(metal hydride)에 비해 저장량이 매우 적었기 때문에 그 후로 많은 연구가 진행되지 못하였다. 그러나 수소 저장 합금은 금속이기 때문에 수소 저장량이 중량비로 1 wt% 정도밖에 되지 않고 수소의 반복적인 흡·탈착에 의해 금속이 미분화되는 등의 문제점이 있어 세계적으로 저장 용량이 크면서 가볍고 안전성을 갖는 새로운 수소 저장체 개발에 관한 연구들이 계속 진행됐다. 최근에 탄소 나노튜브에 수소가 저장될 수 있다는 사실이 밝혀지면서 현재 많은 연구가 경쟁적으로 진행되고 있다. 단일 벽 탄소 나노튜브는 지름이 0.7~3 nm 정도에 길이가 수십 μm 정도로 긴 파이프와 같은 구조이며, 수소 분자는 탄소 나노튜브의 외부보다 내부에서 더욱 안정된 상태를 가지는 것으로 나타났으며, 개개의 탄소 나노튜브는 수소를 저장시키는 통과 같은 역할을 할 수 있다.

DOE의 전략적인 수소 저장 계획에 의하면 6.5 wt%(63 kg H_2/m^3)의 수소 저장 능력을 가지면 충분히 상업적 가치가 있는 것으로 평가되어, 수소 저장량 6.5 wt%은 DOE의 수소 저장 계획의 목표치가 되었다. 현재 탄소 나노튜브의 수소 저장은 두 가지 논쟁이 있는데 첫 번째는 graphite nano fibers(GNF)에 67.5 wt%의 수소를 저장할 수 있다는 보고와 알칼리 금속을 탄소 나노튜브에 도핑하면 14~20 wt%의 수소를 저장할 수 있다는 연구 결과처럼 DOE의 목표치 6.5 wt%를 훨씬 넘어서는 연구 결과들이 다수 보고되고 있다.

20세기 석유가 인류의 에너지원으로 필수연료가 된 이유는 자장과 이송이 쉬워서 에너지가 필요한 곳에 바로 사용할 수 있었기 때문이다. 이제 전기를 담아서 이동하는 전지 시대가 도래하였다. 전기자동차는 에너지를 전기형태로 담고 이동하다 자동차의 전기에너지를 방전해서 직접 활용할 수 있도록 기술발전이 이루어졌다. 이러한 일차 전지, 이차 전지 형태의 각종 전지와 연료 전지, 슈퍼커패시터에 탄소 재료들이 활용되고 있다. 탄소 재료들의 전기적, 기계적, 물리적, 그리고 화학적 특성이 지속적으로 연구개발되고 있으며, 앞으로 4차 산업혁명의 시대에서도 그 중요성이 더 확대될 것이다.

정리

1. 탄소 재료를 이용한 에너지 저장 기술 분야는 일차 전지, 이차 전지, 초고용량 커패시터, 연료 전지 등에서 눈부시게 발전하고 있으며, 탄소 재료는 수소 저장 분야에서도 활발하게 연구되고 있다.
2. 대표적인 일차 전지로는 망가니즈 전지, 이차 전지로는 리튬 이온 전지가 있다.
3. ESS에 소듐-유황 전지, 아연-브로민 전지, 아연-염소 전지 등이 활용되고 있다.
4. 연료 전지는 내부 전해질에 따라서 인산형, 알칼리형, 고분자 전해질형, 직접 메탄올형 및 고체 산화물형의 5가지 형태로 구분된다.
5. 슈퍼커패시터의 탄소 재료 전극 소재로는 활성탄, 탄소 나노튜브, 그래핀 등이 있으며, 그중 그래핀이 주목받고 있다.

4차 산업혁명은 사물 인터넷(internet of things)을 통해 생산기기와 생산품 간 상호 소통 체계를 구축하고 전체 생산과정의 최적화를 구축하는 산업혁명을 말한다. 미국에서는 AMI(advanced manufacturing initiative), 독일과 중국에서는 '인더스트리 4.0'이라고도 한다. 이전까지의 공장자동화는 미리 입력된 프로그램에 따라 생산시설이 수동적으로 움직이는 것을 의미했다. 하지만 4차 산업혁명에서 생산설비는 제품과 상황에 따라 능동적으로 작업 방식을 결정하게 된다. 지금까지는 생산설비가 중앙집중화된 시스템의 통제를 받았지만 4차 산업혁명에서는 각 기기가 개별 공정에 알맞은 것을 판단해 실행하게 된다.

2016년 3월, 서울 포시즌즈 호텔에서 바둑기사인 이세돌과 인공지능 알파고(Alphago)의 대국이 펼쳐진 바 있다. 구글 딥마인드가 개발한 인공지능 바둑 프로그램 알파고는 이세돌을 상대로 4승을 거뒀고 1패를 했다. 한국기원은 알파고에 프로 명예 단증 9단을 수여하기도 했다. 알파고는 완성단계가 아니라고 했듯이 프로토 타입인 셈이었고 이후 벨기에의 릴라나 중국의 절예와 같은 인공지능 바둑은 인간을 월등히 뛰어넘는 바둑선생이 되었다. 구글은 알파고의 알고리즘을 이용해 삶의 변화를 꾀하고 있다. 4차 산업혁명이 물리적이거나 생물학적 측면에 디지털 세계와 인간의 삶을 접목시켜 디지털 휴먼뿐만 아니라 인간의 뇌와 컴퓨터를 연결하는 인터페이스 신기술이나 서비스로 진화한다는 것일 테니 이는 우리가 영화에서나 봤을 법한 신비한 세계가 현실화되는 셈이다.

4차 산업혁명의 핵심 기술은 위에서 언급한 인공지능, 무인 자동차나 항공기를 비롯해 로봇 공학, IoT(사물인터넷), 나노기술(nano-technology), 3D 프린팅 등 6개 분야의 새로운 기술과 융합이다. 애플 워치나 갤럭시 기어와 같은 스마트 워치를 이용한 헬스 케어나 메타버스와 같은 증강 현실 역시도 이러한 핵심 기술과 함께 하고 있다. 스마트폰과 태블릿 PC를 이용한 기기 간 인터넷의 발달과 개별 기기를 자율적으로 제어할 수 있는 사이버물리시스템(CPS)의 도입이 이를 가능하게 하고 있다. 모든 산업설비가 각각의 인터넷주소(IP)를 갖고 무선인터넷을 통해 서로 대화하게 된다. 4차 산업혁명을 구현하기 위해선 스마트센서 공장자동화 로봇 빅데이터 처리 스마트물류 보안 등 수많은 요소가 필요하다. 또한 4차 산업혁명의 효율적인 추진을 위해선 표준화가 관건인데 독일과 미국은 표준통신에 잠정 합의해 이 분야를 선도할 채비를 갖추고 있다. 무인(無人) 공장의 등장으로 4차 산업혁명이 몰고 올 미래에 대한 논란도 뜨거워지고 있다. 생산성 혁신은 이론의 여지가 없다. 더 많은 물건을, 더 적은 인력으로, 더 빨리 만들어낼 수 있다. 소비자는 큰 혜택을 볼 수 있다.

하지만 단순히 축복이라고 보기만은 힘들 수도 있다. 일자리 감소 우려 때문이다. MIT 테크놀로지 리뷰에서는 주행 중 보행자를 피하면 탑승자가 가드레일에 충돌해 죽고 그렇지 않으면 탑승자는 살지만 보행자는 죽게 되는 소위 '자율주행차의 윤리적 딜레마' 문제가 화두로 등장한 바 있다. 탑승자를 희생시키더라도 보행자를 살릴 것인지, 아니면 그 반대를 선택할 것인지에 대한 자율 주행차의 최종 의사결정권에 대한 윤리적 이슈는 결국 교통사고 시 책임 소재를 탑승자가 아닌 제조사에 두어야 하는지에 대한 논쟁으로까지 이어지고 있다. 4차 산업혁명이 열어가는 시대의 변화는 좋은 면도 만들 수 있겠지만 인류에게 불행을 가져올 수 있어 명확한 기준과 철학이 수반되어야 할 것이라고 본다.

연습문제

1 객관식 **일차 및 이차 전지용 탄소 재료의 특징에 해당하지 않는 것은? (　　)**

① 일차 전지용 탄소는 집전 전극 역할과 도전재로서 전지의 내부 저항을 줄여 더 큰 전류를 생산하는 역할을 한다.

② 흑연재료는 정극합제의 도전성을 증가시키는 것뿐만 아니라, 고압에서 성형했을 때 형상 유지 성질이 있다.

③ 전지에서 탄소는 산소와 반응하는 역할을 한다.

④ 에너지 저장용 탄소 재료는 페놀수지 또는 핏치류 등의 유기화합물을 비활성 가스 중에서 열처리하여 만든다.

2 O, X 문제 슈퍼커패시터에 사용되는 활성 전극은 전기화학적으로 안정돼 있어야 하며, 이온의 흡·탈착을 많이 시킬 수 있도록 비표면적이 넓어야 한다.

(　　)

3 주관식 2차원 구조를 갖는 탄소 기반의 나노소재로 전기적, 기계적, 물리적, 그리고 화학적 특성이 매우 뛰어난 탄소 재료에는 무엇이 있는가?

연습문제 해답

1장

1 정답 2

설명 공업화학은 순수과학보다 공학을 추구하는 실용 학문이다.

2 정답 X

설명 반도체는 1970년대 이후 전자공학의 발전과 더불어 3차 산업혁명을 주도한 산업이다.

3 정답 유기화합물(organic compound)

설명 탄화수소 화합물로 생물에 의하여 만들어지는 화합물을 유기화합물(organic compound)이라고 한다.

2장

1 정답 2

설명 API도가 높을수록 경질유이며 휘발성 물질이 많고 점성도가 낮다.

2 정답 O

설명 석유 위기는 석유 고갈 시점에 오는 것이 아니라 생산이 정점에 달하여 수요증가를 충족시킬 수 없을 때 발생한다.

3 정답 크랙 마진(crack margin)

설명 원유가격을 훨씬 밑도는 벙커-C유를 재정제하여 경질유로 만들어 판매한다면 수익이 배가되며, 경질유 가격이 강세이면 수익성은 더욱 좋아진다. 이를 크랙 마진이라 하는데, 최근의 국제 석유시장 추세를 살펴보면 단순 정제 마진은 낮아지고 크랙 마진은 확대되는 경향이 있다.

3장

1 정답 1

설명 LNG는 액화천연가스이고 원유 정제 시에는 LPG(liquefied petroleum gas)가 나온다.

2 정답 O

설명 벙커C유는 대형 선박 엔진의 동력원, 보일러 연료 등의 열원으로 사용된다.

3 정답 노킹현상

설명 자동차 엔진에서는 압축비나 흡입압력을 크게 하거나 점화시기를 빠르게 하면 실린더 내에서의 이상연소(異常燃燒)에 의해 망치로 두드리는 것과 같은 소리가 나는 현상을 노킹현상이라고 한다.

4장

1 정답 4

설명 석유화학산업은 다양한 석유 제품들이 함께 생산되는 연산 특성이 있다.

2 정답 O

설명 자동차 산업의 발달로 천연고무만으로 고무의 전 수요를 감당할 수 없는 상태가 되어 합성고무는 천연고무 대체품으로서의 합성고무가 개발되어 오늘날 대표적인 합성고무 2종류는 뷰타다이엔 스타이렌 고무과 네오프렌-뷰타다이엔 아크릴로나이트릴 고무이다.

3 정답 에틸렌(에텐)

설명 에틸렌은 분자식 $CH_2=CH_2$, C_2H_4로 가장 간단한 알켄으로 정식 명명법에 따르면 에텐(ethene)이지만 관용명인 에틸렌으로 더 많이 불리는 석유화학공업의 가장 기본적인 물질이다.

5장

1 정답 3

설명 MF (Melamine formaldehyde)는 열경화성 수지이고 PS, PMMA, PVC는 열가소성 수지이다.

2 정답 O

설명 비중이 1.48 정도이며 충전재에 의해 2.0 정도까지 가능하고 표면 경도가 현재 생산되고 있는 합성수지 중 가장 단단하다.

3 정답 PMMA(Polymethylmetacrylate)

설명 PMMA는 투명 플라스틱 중에서 가장 투명도가 좋고 가시광선 영역(420 ~ 750 nm) 광선 투과율은 두께 3 mm에서 약 93% 정도일 정도로 빛을 투과시키는 성능이 우수하다.

6장

1 정답 4

설명 팜유, 야자유는 불건성유에 해당한다.

2 정답 X

설명 옻칠과 같은 천연수지 도장 시에는 부패, 습기, 열에 훨씬 강해서 합성수지보다 더 우수할 수도 있다.

3 정답 분체도료

설명 분체도료를 사용한 분체도장은 단 한 번에 두꺼운 도장이 가능하며 다양한 무늬 구현이 가능할 뿐만 아니라 도막 형성 시 주름이 생기거나 잘 흘러내리지 않으며, 점도 조절이 필요치 않아 도장 작업성이 우수하다.

7장

1 정답 4

설명 다이어트는 식품이나 운동의 영역으로 기능성 화장품과는 관련이 없다.

2 정답 O

설명 레티놀은 식약처에서 인정해주는 주름 개선에 도움을 주는 소재로 2500 IU/g 사용할 수 있다.

3 정답 리포좀

설명 리포좀은 lipid double layer로 만들어진 이중 층의 에멀션이다.

8장

1 정답 4

설명 연실법과 글로버탑과 게이뤼삭탑 공정은 황산제조 공정이다.

2 정답 X

설명 진한황산은 약한 산화력과 강한 탈수력이 있으며 물에 용해할 때 많은 열을 발생하면서 수용액이 된다.

3 정답 발연황산

설명 발연황산은 SO_3를 과량으로 넣어 제조한 황산으로 공기 중에 노출되면 수분을 흡수하여 수증기 연기가 생긴다.

9장

1 정답 1

설명 솔베이 공정(Solvay process)은 에르네스트 솔베이가 1861년 개발한 염화 소듐과 탄산 칼슘으로 염화 칼슘과 탄산 소듐을 생성하는 혁신적인 공정이다.

2 정답 X

설명 질산의 최고공비점(azeotropic point)이 68%이므로 가열하여 68%까지는 농축시킬 수 있고 98% 이상의 순도로 농축하려면 Pauling법에 의해 탈수제로 진한 황산을 가해 수증기를 증류하면 얻을 수 있다.

3 정답 파커라이징(Parkerizing)

설명 인산염 피막 처리 방청 기술은 1915년 미국 파커 러스트-프루프(Parker Rust-Proof)에서 발명하여 파커라이징(Parkerizing)이라는 별칭으로 불리고 있다.

10장

1 정답 4

설명 식물에게 필요한 3대 영양소는 질소, 인산, 포타슘(칼륨)이다.

2 정답 X

설명 이 반응은 압력이 높을수록 온도가 낮을수록 정반응이 일어난다. 낮은 온도에서 전환율이 높아진다.

3 정답 그린 수소

설명 그린 수소는 수소 생성을 위한 전력을 재생에너지로 충당해 생성 과정에서 이산화 탄소가 발생하지 않는 기술로 기존 국내 기술보다 6% 이상 수소 생산 효율을 향상할 수 있어 경쟁력도 있는 것으로 알려져 있다.

11장

1 정답 3

설명 두 전극 사이의 전위차가 합해져서 1.1 V가 발생한다.

2 정답 O

설명 아연은 이온화 경향이 구리보다 커서 Zn^{2+}로 산화되며 전자를 두 개 발생하고 이 전자가 전선을 타고 구리판으로 이동한다. 아연은 전자를 잃어서 산화되는 산화 전극(anode, 애노드)이다. 이 과정에서 전위차 때문에 0.76 V가 발생한다.

3 정답 표준 전극 전위(표준 환원 전위)

설명 표준 수소 전극과 물질들의 환원이 일어나는 전위차를 측정한 값을 표로 만든 것으로 이 표를 이용하여 둘 이상의 산화제나 환원제를 세기의 순서에 따라 나열할 수 있고 많은 산화 환원 반응이 자발적인지 혹은 비자발적인지를 예상할 수 있게 한다.

12장

1 정답 1

설명 금속은 가열하면 저항이 커지지만, 반도체는 가열하면 저항이 작아진다.

2 정답 X

설명 진성 반도체는 순수 실리콘 반도체이고 불순물을 도핑하여 만드는 N형이나 P형 반도체는 외인성 반도체라고 한다.

3 정답 포토리소그래피

설명 포토리소그래피는 디스플레이와 반도체를 생산하기 위해 사용되는 공정으로 짧게 '포토 공정'으로 부르기도 한다. 포토리소그래피는 빛을 뜻하는 '포토'와 기판 인쇄를 의미하는 '리소그래피'의 합성으로 만들어진 단어이며, 기판 위에 빛을 사용해 사진을 찍듯이 패턴을 새기는 과정이다.

13장

1 정답 3

설명 전지에서 전극용 탄소는 산소와의 반응성이 없어야 한다.

2 정답 O

설명 전기 이중층 거동을 보이는 커패시터는 활성 전극에서 전해질 용액 내 이온들의 정전기력에 의해 가역적인 흡·탈착으로 에너지를 저장하므로 비표면적이 넓어 이온의 흡·탈착에 유리해야 한다.

3 정답 그래핀

설명 그래핀은 넓은 비표면적 및 뛰어난 전기전도도를 지녀 슈퍼커패시터 및 이차 전지와 같은 에너지 저장 소자로의 응용이 가능하다.

참고문헌

1장

1. 정찬문, 『공업화학 제3판』, 자유아카데미, 2020.
2. 한국공업화학회, 『무기공업화학』, 청문각, 2013.
3. 고완석 외 역, 『유기공업화학』, 동화기술, 1998.
4. 서홍관, 「곰팡이가 질병으로부터 인류는 구해낸 사연」, KISTI 과학향기, 제3587호 2020년 10월 26.

2장

1. 정찬문, 『공업화학 제3판』, 자유아카데미, 2020.
2. 한국공업화학회, 『무기공업화학』, 청문각, 2013.
3. 고완석 외 역, 『유기공업화학』, 동화기술, 1998.
4. 대한석유협회, 「석유이야기」, https://www.petroleum.or.kr/industry/

3장

1. 정찬문, 『공업화학 제3판』, 자유아카데미, 2020.
2. 한국공업화학회, 『무기공업화학』, 청문각, 2013.
3. 고완석 외 역, 『유기공업화학』, 동화기술, 1998.
4. 대한석유협회, 「석유이야기」, https://www.petroleum.or.kr/industry/
5. Aviation Fuels Technical Review, Chevron, 2006.
6. 「석유의 역사」, 아틀라스뉴스, 2020.09.11.

4장

1. 정찬문, 『공업화학 제3판』, 자유아카데미, 2020.
2. 한국공업화학회, 『무기공업화학』, 청문각, 2013.
3. 고완석 외 역, 『유기공업화학』, 동화기술, 1998.
4. 대한석유협회, 「석유이야기」, https://www.petroleum.or.kr/industry/
5. 「석유의 역사」, 아틀라스뉴스, 2020.09.11.
6. "Syntheic rubber", Wikipedia, https://en.wikipedia.org/wiki/Synthetic_rubber

5장

1. 정찬문, 『공업화학 제3판』, 자유아카데미, 2020.
2. 한국공업화학회, 『무기공업화학』, 청문각, 2013.
3. 고완석 외 역, 『유기공업화학』, 동화기술, 1998.

6장

1. 정찬문, 『공업화학 제3판』, 자유아카데미, 2020.
2. 한국공업화학회, 『무기공업화학』, 청문각, 2013.
3. 고완석 외 역, 『유기공업화학』, 동화기술, 1998.

7장

1. 정찬문, 『공업화학 제3판』, 자유아카데미, 2020.
2. 한국공업화학회, 『무기공업화학』, 청문각, 2013.
3. 고완석 외 역, 『유기공업화학』, 동화기술, 1998.
4. 화장품 안전기준 등에 관한 규정(식품의약품안전처 고시 제2023-73호, 2023년, 11월 30일)

8장

1. 정찬문, 『공업화학 제3판』, 자유아카데미, 2020.
2. 한국공업화학회, 『무기공업화학』, 청문각, 2013.
3. 고완석 외 역, 『유기공업화학』, 동화기술, 1998.
4. "유스투스 리비히", 과학인물백과, 송성수 외, NAVER 지식백과

9장

1. 정찬문, 『공업화학 제3판』, 자유아카데미, 2020.
2. 한국공업화학회, 『무기공업화학』, 청문각, 2013.
3. 고완석 외 역, 『유기공업화학』, 동화기술, 1998.
4. "질산", namuwiki.
5. "습식 인산 제조법", 화학대사전, 세화(박룡).

10장

1. 정찬문, 『공업화학 제3판』, 자유아카데미, 2020.
2. 한국공업화학회, 『무기공업화학』, 청문각, 2013.
3. 고완석 외 역, 『유기공업화학』, 동화기술, 1998.

4. “암모니아”, 두산백과.
5. “암모니아”, Wikipedia.
6. 『한국의 공업 비료』, 한국비료공업협회.
7. 노벨 재단 편저, 우경자, 이연희 공역, 『당신에게 노벨상을 수여합니다: 노벨 화학상』, 바다출판사, 2017.
8. “프리츠 하버”, 과학인물백과, 송성수 외, NAVER 지식백과

11장

1. 정찬문, 『공업화학 제3판』, 자유아카데미, 2020.
2. 한국공업화학회, 『무기공업화학』, 청문각, 2013.
3. 고완석 외 역, 『유기공업화학』, 동화기술, 1998.
4. 백운기, 여인형 저, 『전기화학: 기초와 응용』, 자유아카데미, 2021.
5. 『화학세계』, 대한화학회, 40, 3, 2000, 18-33.
6. 김석환, 『열정과 야망의 전기 이야기』 대명사, 2010.
7. “벤저민 프랭크린”, https://namu.wiki/w/벤저민 프랭클린.
8. 전기화학의 기본개념, 미소바른, https://m.blog.naver.com/

12장

1. 정찬문, 『공업화학 제3판』, 자유아카데미, 2020.
2. 한국공업화학회, 『무기공업화학』, 청문각, 2013.
3. 고완석 외 역, 『유기공업화학』, 동화기술, 1998.

13장

1. 정찬문, 『공업화학 제3판』, 자유아카데미, 2020.
2. 한국공업화학회, 『무기공업화학』, 청문각, 2013.
3. 고완석 외 역, 『유기공업화학』, 동화기술, 1998.
4. 탄소 - 숯, 흑연, 다이아몬드, 풀러렌은 모두 탄소, 노벨 e-library.
5. 안계혁, 「탄소재료를 이용한 에너지 저장 기술」, 『물리학과 첨단기술』, 한국물리학회, 2003.
6. “연료전지”, Wikipedia.

저자 소개

박승규
한양대학교 공업화학과 졸업
한양대학교 대학원 공업화학과 석사
University of Houston 화학과 박사
현) 호서대학교 화학공학과 교수

공업화학

저　　자　박승규
발 행 인　김지영
발 행 처　자유아카데미
주　　소　경기도 파주시 회동길 37-42
　　　　　파주출판도시
전　　화　031-955-1321
팩　　스　031-955-1322
홈페이지　www.freeaca.com
전자우편　main@freeaca.com (대표)
　　　　　editor@freeaca.com (편집)
　　　　　crm@freeaca.com (영업)
등　　록　제406-2003-017호, 1980. 7. 12
제1판1쇄　2024년 6월 10일 발행

저자와의 협의하에 인지생략

ISBN 979-11-5808-613-8　93430